高职高专教育"十三五"规划教材
浙江省优势特色专业建设教材

工程地质与土力学
实训指导及技能考核

主 编 刘述丽 程 静 王 良

副主编 徐 彬 姚 平

U0286343

黄河水利出版社

·郑州·

内 容 提 要

本书是高职高专教育"十三五"规划教材、浙江省优势特色专业建设教材,是工程地质与土力学课程实训指导书及"全程式"实践教学配套教材。本书共分两篇及附录,第一篇为工程地质与土力学实训指导,主要内容为工程地质课堂试验及实习指导、土工实训指导、某风电场项目工程地质勘察报告(详勘阶段),第二篇为工程地质与土力学技能考核实施方案及土工测试实训报告,主要内容为工程地质与土力学技能考核实施方案、土工测试实训报告。其目的是满足理实一体化教学需要,为各学习项目提供相应的实训指导和具体的考核实施方案,使学生结合具体考核项目,在"教—学—做"一体化的过程中,掌握单元基本知识和专业技能,同时在小组讨论、自主学习、组织汇报的过程中,融渗培养学生沟通协作、分析问题、解决问题等方面的职业素养。

本书可作为高职高专水利水电类、土木工程类专业土力学、工程地质等课程的配套教材。

图书在版编目(CIP)数据

工程地质与土力学实训指导及技能考核/刘述丽,程静,王良主编. —郑州:黄河水利出版社,2018.6

高职高专教育"十三五"规划教材

ISBN 978 – 7 – 5509 – 2060 – 6

Ⅰ.①工… Ⅱ.①刘…②程…③王… Ⅲ.①工程地质 – 高等职业教育 – 教学参考资料②土力学 – 高等职业教育 – 教学参考资料 Ⅳ.①P642②TU43

中国版本图书馆 CIP 数据核字(2018)第 141323 号

组稿编辑:王路平 电话:0371 – 66022212 E-mail:hhslwlp@ 163. com

出 版 社:黄河水利出版社 网址:www. yrcp. com

地址:河南省郑州市顺河路黄委会综合楼 14 层 邮政编码:450003

发行单位:黄河水利出版社

发行部电话:0371 – 66026940、66020550、66028024、66022620(传真)

E-mail:hhslcbs@ 126. com

承印单位:河南承创印务有限公司

开本:787 mm × 1 092 mm 1/16

印张:8.5

字数:200 千字 印数:1—1 500

版次:2018 年 6 月第 1 版 印次:2018 年 6 月第 1 次印刷

定价:22.00 元

前 言

根据"全程式"实践教学要求,课程的设置应采用行为导向教学法,以学生参与活动为主要特征设计教学载体,同时培养学生自主学习和合作学习的习惯。本书是为适应"全程式"实践教学要求,为工程地质与土力学课程提供的理实一体化教学配套教材。

根据工程地质与土力学的课程教学目标,编者从培养职业技能出发,基于项目化教学,将整个教学内容设计整合,而每个项目必须要有具体的考核实施方案,才能理实融合,实现教学目标。

本书能够满足理实一体化教学需要,为各学习项目提供相应的实训指导和具体的考核实施方案,目的是让学生结合具体的考核项目,真正参与到课堂中来,从而在"教—学—做"一体化的过程中,让学生理解各单元的基本知识,掌握相应的基本技能,并可在小组讨论、自主学习、组织汇报的过程中,融渗培养学生沟通协作、分析问题、解决问题等方面的职业素养。

本书共分两篇及附录部分。第一篇为工程地质与土力学实训指导,目的是为学生提供实训指导方法,锻炼学生阅读地质勘察报告的能力,让学生了解地质勘察报告的内容、目的及作用,使地质勘察报告"为我所用",同时也为工程地质部分的教学设计提供配套教材;第二篇为工程地质与土力学技能考核实施方案及土工测试实训报告,目的是为适应过程性考核要求编制而成的,每个项目有相应的知识目标,重点是让学生依托项目,以小组共同参与并完成的形式,培养学生的技能目标及素质目标。

本书由浙江同济科技职业学院刘述丽、程静,浙江省水利河口研究院质检站王良担任主编,由浙江华东建设工程有限公司海洋勘察研究院徐彬、浙江省水利水电勘测设计院地质勘察研究院姚平担任副主编。

在本书编写过程中,有关行业专家从企业实际工程需要出发,对本书的编写提供了大量参考资料,并对本书内容提供了诚恳的意见和建议,在此表示衷心的感谢!

由于编者水平有限,加上时间仓促,本书中的不当之处,诚望读者批评指正。

编 者
2018 年 4 月

前　言

目　录

附 录

第一篇　工程地质与土力学实训指导

第一章　工程地质课堂试验及实习指导

第一节　主要造岩矿物的识别与鉴定

一、实习目的及要求

岩石是矿物的集合体。认识造岩矿物的目的在于识别水利水电工程中常见的各种岩石,并为今后学习其他章节打下基础。本次实习的要求如下:

(1)通过对造岩矿物标本的观察,认识常见造岩矿物的形态、光学性质、力学性质、盐酸盐类矿物的盐酸反应等主要特征。

(2)学习根据造岩矿物的形态和物理特性,用肉眼鉴定常见造岩矿物的技能和描述矿物的方法。

(3)熟练地掌握几种常见造岩矿物的鉴定特征。

二、实习的准备工作

实习前要认真预习"十二五"职业教育规划教材《工程地质与土力学》中的第一章"造岩矿物"一节内容(以下简称《工程地质与土力学》)。检查矿物标本、摩氏硬度计、小刀、放大镜、稀盐酸等试验用品是否齐全。

三、实习内容

(一)矿物特性的观察

1. 矿物单体形态的观察

六方柱——石英(水晶),菱面体——方解石,菱形多面体——石榴子石,长柱状或纤维状——普通角闪石,短柱状——普通辉石,板状——板状石膏、长石,片状——云母。

2. 矿物集合体形态的观察

晶簇状——石英晶簇,粒状——橄榄石,鳞片状——绿泥石,纤维状——石膏,放射状——阳起石、红柱石,结核状——(鲕状、肾状)赤铁矿,土状——高岭土、蒙脱石。

3. 矿物光学性质的观察

1) 矿物的颜色

白色——方解石、石英,深绿色——橄榄石,铜黄色——黄铜矿,铁红色——赤铁矿。

2) 矿物的条痕

对比黄铁矿、赤铁矿等矿物的条痕与颜色之间的关系。

3) 矿物的光泽

拿到标本,对着光线,根据其反射光线的性质来确定它属于什么光泽。按其强弱程度可分为金属光泽、半金属光泽和非金属光泽三大类,根据矿物复杂性还可细分,如玻璃光泽、珍珠光泽、丝绢光泽等。应注意有些矿物同时具有不同的光泽,如云母,一般为玻璃光泽,也常见珍珠光泽。石英晶体表面为玻璃光泽,而断口表面又常呈油脂光泽。

4. 矿物力学性质的观察

1) 矿物的解理与断口

结晶矿物在外力作用下沿一定方向裂开成光滑平面的性质叫解理。既要注意在同一方向上对应侧面解理的一致性,又要观察解理面光滑平整的程度。例如,云母——一组极完全解理,方解石——三组完全解理,长石——一组完全解理,石英——贝壳状断口,黄铁矿——参差状断口。矿物的解理和断口是互为消长的。

2) 矿物的硬度

矿物的硬度是指矿物抵抗外力机械作用的能力。其硬度比较固定,是鉴定矿物的重要依据之一,一般以下列 10 种矿物作为鉴定矿物相对硬度的标准即摩氏硬度计:

①滑石;②石膏;③方解石;④萤石;⑤磷灰石;⑥正长石;⑦石英;⑧黄玉;⑨刚玉;⑩金刚石。

在测定矿物硬度时用上述标准硬度的矿物与要测定的矿物进行(对刻)比较。其硬度是相对而言的,如石英能刻划的一种矿物,而该矿物又能刻划正长石,则说明该矿物的硬度在 6～7 度。指甲的硬度一般在 2.5 左右,小刀的硬度在 5.5 左右,软铅笔的硬度一般为 1.5 左右。

5. 矿物的其他特性的观察

云母——弹性,蒙脱石——遇水膨胀、有崩解性,盐酸盐类的矿物一般具有盐酸反应。盐酸盐类的矿物,如方解石、白云石,与稀盐酸会产生化学反应,逸出二氧化碳,形成气泡,以方解石为例,其反应式为

$$CaCO_3 + 2HCl \longrightarrow CaCl_2 + H_2O + CO_2 \uparrow$$

一般来讲,方解石遇稀盐酸后,起泡剧烈,而白云石则需用小刀刻划成粉末后滴稀盐酸,才可见微弱的起泡现象。

(二)常见造岩矿物鉴定特征的综合观察

结合标本,对照《工程地质与土力学》教材中"常见造岩矿物特征表",逐块逐项地进行观察。但需注意,教材中所述矿物的各项物理特性,在同一块标本上不一定能全部显示出来,所以在观察时,必须善于抓住矿物的主要特征,尤其是那些具有鉴定意义的特征,如赤铁矿的砖红色条痕、方解石的菱面体解理等。另外,还要注意相似矿物的对比分析,如

石英、斜长石、方解石、石膏等矿物都是白色或乳白色的,但在硬度、解理、晶形、与盐酸发生反应方面却有较大差别。

四、实习方法

(1)参照本指导书和《工程地质与土力学》教材中"常见造岩矿物特征表",结合标本,在教师指导下自行观察学习。

(2)在独立观察的基础上,掌握并归纳常见造岩矿物的主要鉴定特征。

第二节　常见三大类岩石的综合鉴定

一、实习目的与要求

(1)复习矿物、三大类岩石的鉴定方法。

(2)对三大类岩石的基本分类特点进行综合比较和总结。

(3)在区别三大类岩石的矿物组成、结构、构造特点的基础上,对常见岩石进行综合肉眼鉴定。

二、实习的准备工作

全面复习《工程地质与土力学》教材中"矿物与岩石"一章内容。

三、岩石的综合肉眼鉴定提示

(一)三大类岩石间的转化关系

不同类型的岩石在自然界并非孤立存在,而是在一定条件下相互依存,并不断地进行转化。这种由原岩转变成新岩的过程,不是(也不可能是)简单的重复,新生成的岩石不仅在成分上,而且在结构、构造上与原岩有极大差异。

(二)各类常见岩石的主要特征

常见三大类岩石以其固有的特点相互区别,如表1-1-1所示。

(三)岩石综合肉眼鉴定步骤提示

肉眼对岩石进行分类和鉴定,除了在野外要充分考虑其产状特征,在室内对于标本的观察上,最关键的是要抓住结构、构造、矿物组成等特征。具体步骤如下:

(1)观察岩石的构造,因为构造从岩石的外表上就可反映它的成因类型。如具气孔、杏仁、流纹构造形态,一般属于岩浆岩中的喷出岩类;如具层理构造以及层面构造时,是沉积岩类;如具板状、千枚状、片状或麻状构造,则属于变质岩类。

应当指出,在三大类岩石的构造中,都有"块状构造"。如岩浆岩中的石英斑岩标本、沉积岩中的石英砂岩标本、变质岩中的石英岩标本,表面上很难区分,这时,应结合岩石的结构特征和矿物成分的观察进行分析:石英斑岩具岩浆岩的似斑状结构,其斑晶与石基矿物间结晶联结;而石英砂岩具沉积岩的碎屑结构,碎屑之间呈胶结联结;石英斑岩中的石英斑晶具有一定的结晶外形,呈棱柱状或粒状;石英砂岩中的颗粒大小均匀,可呈浑圆状,

表 1-1-1　三大类岩石主要特征区分简表

特征	岩类		
	岩浆岩	沉积岩	变质岩
矿物成分	均为原生矿物,成分复杂,常见的有石英、长石、角闪石、辉石、橄榄石、黑云母等	除石英、长石、白云母等原生矿物外,次生矿物占相当数量,如方解石、白云石、高岭石、海绿石等	除具有原岩的矿物成分外,还有典型的变质矿物,如绢云母、石榴子石、绿泥石等
结构	以粒状结晶、斑状结构为其特征	以碎屑、泥质及生物碎屑、化学结构为其特征	以变晶、变余、压碎结构为其特征
构造	具流纹、气孔、杏仁、块状构造	多具层理构造,局部含生物化石	多具片理、片麻理等构造
产状	多以侵入体出现,少数为喷发岩,呈不规则状	有规律的层状	随原岩产状而定
分布	花岗岩、玄武岩分布最广	黏土岩分布最广,其次是砂岩、石灰岩	区域变质岩分布最广,次为接触变质岩和动力变质岩

玻璃光泽已经消失,锤击或刀刻岩石中胶结不牢的部位时,可以看到石英颗粒与胶结物分离后留下的小凹坑;经过重结晶变质作用形成的石英岩,则往往呈致密状,肉眼分辨不出石英颗粒,且石质坚硬、性脆。

(2)对岩石结构的深入观察,可对岩石进行进一步的分类。如岩浆岩中的深成侵入岩类多呈全晶质、显晶质、等粒结构,而浅成侵入岩类则常呈斑状结晶结构。沉积岩中根据组成物质颗粒的大小、成分、联结方式,可区分为碎屑岩、黏土岩、生物化学岩(如砾岩、砂岩、页岩、石灰岩等)。

(3)岩石的矿物组成和化学成分分析,对岩石的分类和定名也是不可缺少的。特别是与岩浆岩的定名关系尤为密切,如斑岩和玢岩,同属岩浆岩的浅成岩类,其主要区别在于矿物成分。斑岩中的斑晶矿物主要是正长石和石英,玢岩中的斑晶矿物主要是斜长石和暗色矿物(如角闪石、辉石等)。沉积岩中的次生矿物,如方解石、白云石、高岭石、石膏、褐铁矿等,不可能存在于新鲜的岩浆岩中。而绢云母、绿泥石、滑石、石棉、石榴子石等则为变质岩所特有。因此,根据某些变质矿物成分的分析,就可初步判定岩石的类别。

(4)在岩石的定名方面,如果由多种矿物组分组成,则以含量最多的矿物与岩石的基本名称紧密相联,其他较次要的矿物,按含量多少依次向左排列,如角闪斜长片麻岩,说明其矿物成分是以斜长石为主,并有相当数量的角闪石,其他岩浆岩、沉积岩的多元定名含义也是如此。

(5)最后应注意的是,在肉眼鉴定岩石标本时,常有许多矿物成分难于辨认。如具隐晶质结构或玻璃质结构的岩浆岩,泥质或化学结构的沉积岩,以及部分变质岩,由结晶细微或非结晶的物质成分组成,一般只能根据颜色的深浅、坚硬性、比重的大小、与盐酸反应程度进行初步判断。岩浆岩中以深色成分为主的,常为基性岩类;以浅色成分为主的,常为酸性岩类。沉积岩中较为坚硬的,多为硅质胶结或硅质成分的岩石,比重大的多为含铁、锰质量大的岩石,与盐酸反应的一定是碳酸盐类岩石等。

四、三大类岩石的工程地质性质

(一)岩浆岩的工程性质评述

岩浆岩的工程地质性质主要与岩浆凝固时的环境条件有关,不同的成因条件,其矿物成分、结构、构造和产状差别很大,岩石颗粒间的联结力也有很大差异。

1. 侵入岩

侵入岩是岩浆在地下缓慢冷凝结晶生成的,矿物结晶良好,颗粒之间联结牢固,多呈块状构造。因此,侵入岩孔隙率低、抗水性强、力学强度及弹性模量高,具有较好的工程性质。常见的侵入岩有花岗岩、闪长岩及辉长岩等。从矿物组成上看,石英、长石、角闪石及辉石的含量越多,岩石强度越高,云母含量增加,使岩石强度降低。从结构组成上看,晶粒均匀细小的岩石强度高,粗粒结构及斑状结构的岩石强度相对较低。

2. 喷出岩

喷出岩是岩浆喷出地表后迅速冷凝生成的,由于地表条件复杂,使喷出岩具有很不相同的地质特征。具有隐晶质结构、致密块状构造的粗面岩、安山岩、玄武岩等,工程性质良好,其强度甚至可大于花岗岩。但当这类岩石具有明显的流纹、气孔构造或含有原生节理时,工程性质变差,孔隙率增加,抗水性降低,力学强度及弹性模量减小。

在具体评述岩浆岩的工程性质时,还必须充分考虑它的节理发育程度及风化程度。

(二)沉积岩的工程性质评述

沉积岩具有层理构造,层状及层理对沉积岩工程性质的影响主要表现为各向异性。因此,沉积岩的产状及其与工程建筑物位置的相互关系对建筑物的稳定性影响很大。同时由于组成岩石的物质成分不同,也具有不同的工程地质特征。

1. 碎屑岩

碎屑岩是碎屑颗粒被胶结构物胶结在一起而形成的岩石。其工程性质主要取决于胶结物成分、胶结方式。从胶结物成分看,按硅质、钙质、铁质、黏土质的顺序,强度依次降低。从胶结方式看,基底式胶结的岩石胶结紧密,强度较高,工程性质受胶结物成分控制;孔隙式胶结岩石的工程性质与碎屑颗粒成分、形状及胶结物成分有关,变化很大;接触式胶结岩石的孔隙率大,透水性强,强度低。

2. 黏土岩

黏土岩是工程性质最差的岩石之一。黏土岩强度低、抗水性差、亲水性强。当黏土岩有较多节理、裂隙时,一旦遇水浸泡,工程性质迅速恶化,常产生膨胀、软化或崩解。在常见的三类黏土矿物中,富含蒙脱石的黏土岩工程性质最差,含高岭石的黏土岩工程性质相对较好,而含伊利石的黏土岩工程性质介于中间。此外,若黏土岩节理、裂隙很少,它是很好的隔水层。

3. 化学岩和生物化学岩

化学岩中最常见的是石灰岩和白云岩类岩石,这类岩石一般情况下工程性质良好。

它们具有足够高的强度和弹性模量,有一定的韧性,是较好的建筑材料。但要特别注意它们是否被溶蚀,形成了对工程建筑不利的溶隙和空洞。此外,化学岩中的石膏岩或碳酸盐类岩石中的石膏夹层、石膏成分,工程性质都是很差的。它们强度较低,吸水膨胀,可溶性较大,溶于水后生成有害的硫酸,必须给予足够重视。生物化学岩中常见的煤层及常与之共生的煤系地层,工程性质较差,要注意地下工程中常常遇到的瓦斯问题。

(三)变质岩的工程性质评述

变质岩的结构和构造,对岩石的工程性能有很大的影响。大部分变质岩都是在一定应力条件下形成的,这就形成了变质岩所特有的板状、片状、片麻状构造和碎裂构造等,这种结构、构造使岩石的强度减弱,并使岩石的力学性质有明显的各向异性及不均一性,造成不良的工程地质条件。如断裂带或片理发育的千枚岩、片岩地区,很容易发生严重的塌方、滑落现象。

1.具有片理构造的变质岩

片岩、千枚岩及板岩的片理构造发育,工程性质具有各向异性。千枚岩、滑石片岩、绿泥石片岩、石墨片岩等岩石强度低,抗水性很差,特别是沿这些岩石的片理或节理面,抗剪、抗拉强度很低,遇水容易滑动,沿片理、节理容易剥落。

片麻岩片理构造不太发育,当石英、正长石含量较多时,工程性质比较好。但是,由于片麻岩多为年代久远的岩石,要注意其受构造运动影响而破碎和风化的程度。

2.块状构造变质岩

常见的是石英岩和大理岩,除大理岩微溶于水外,它们都是结晶联结、矿物成分稳定或比较稳定的单矿物岩石。其强度高、抗风化能力强,有良好的工程性质。

3.由动力变质作用形成的岩石

由动力变质作用形成的岩石一般较破碎,强度差、裂隙发育,常形成渗水通道和滑动面。

第三节　岩层产状要素的野外量测

岩层产状要素的野外测量是分析判断地质构造的基础,是地质工作必需的基本功之一。岩层的产状要素通常用地质罗盘仪来测量,下面将地质罗盘仪的结构及使用方法作一简单介绍。

一、地质罗盘仪的使用方法

一般的地质罗盘仪可测量目的物的方位、岩层产状、山地坡度、草测地形,是地质工作者必须掌握的工具。地质罗盘仪型号较多,但其原理和结构大体相同。

(一)地质罗盘仪的基本结构

一般的地质罗盘仪由磁针、磁针制动器、刻度盘、测斜仪、水准器和瞄准器等几部分组成,并安装在一非磁性物质的底盘上,下面以 DQL－1 型地质罗盘仪为例,将其结构作一简单说明(见图1-1-1)。

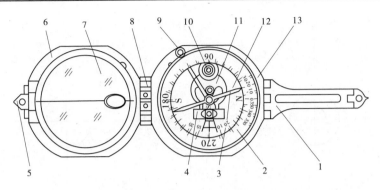

1—长瞄准器;2—刻度盘;3—磁针;4—长水准器;5—短瞄准器;6—上盖;
7—反光镜;8—连接合页;9—磁针制动器;10—圆形水准器;
11—指示盘;12—方向盘;13—外壳

图 1-1-1 DQL-1 型地质罗盘仪结构简图

1. 磁针

磁针为一两端尖的磁性钢针,其中心放置在底盘中央轴的顶针上,以便灵活的摆动。由于我国位于北半球,磁针两端所受地质磁场吸引力不等,会产生磁倾角。为使磁针处于平衡状态,在磁针的南端绕上若干圈铜丝,用来调节磁针的中心位置,亦可以此来区分指南针和指北针。

2. 磁针制动器

磁针制动器是在支撑磁针的轴下端套着一个自由环,此环与制动小螺钮以杠杆相连,可使磁针离开转轴顶针并固定起来,以便保护顶针和旋转轴不受磨损,保持仪器的灵敏性,延长罗盘仪的使用寿命。

3. 刻度盘

刻度盘分内(下)和外(上)两圈,内圈为垂直刻度盘,专作测量倾角和坡度之角用,以中心位置为 0°,分别向两侧每隔 10°作一标记,直至 90°;外圈为水平刻度盘,其刻度方式有两种,即方位角和象限角,因不同罗盘仪而异,方位角刻度盘是从 0°开始的,逆时针方向每隔 10°作一标记,直至 360°。在 0°和 180°处分别标注 N 和 S(分别表示北和南);在 90°和 270°处分别标注 E 和 W(分别表示东和西),如图 1-1-2 所示。象限角刻度盘与它不同之处是 N、S 两端均记作 0°,E 和 W 处均记作 90°,即刻度盘上分成 0°~90°的 4 个象限(见图 1-1-2(b))。

必须注意,方位角刻度盘为逆时针方向标注。两种刻度盘所标注的东、西方向与实地相反,其目的是测量时能直接读出磁方位角和磁象限角,因测量时磁针相对不动,移动的是罗盘底盘。当底盘向东移,相当于磁针向西偏,故刻度盘逆时针方向标记(东西方向与实地相反),所测得读数即为所求。在具体工作中,为区别所读数值是方位角还是象限角,按下述方法区分:如图 1-1-2(a)和图 1-1-2(b)的测量位置相同,在方位角刻度盘上读作 285°,记作 NW285°或记作 285°,在象限角刻度盘上读作北偏西 75°,记作 N75°W。如果两者均在第一象限内,例如 50°,而后者记作 N50°E,以示区别(见图 1-1-2(a)、图 1-1-2(b)和表 1-1-2)。

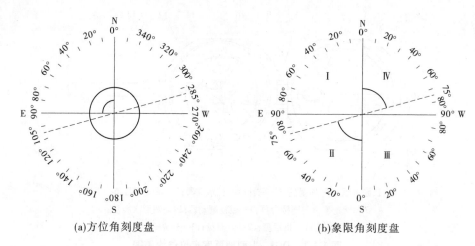

(a)方位角刻度盘　　　　　　　　　(b)象限角刻度盘

图1-1-2　刻度盘

表1-1-2　象限角与方位角之间关系换算

象限	方位角度数	象限角(r)与方位角(A)的关系	象限名称
I	$0° \sim 90°$	$r = A$	NE 象限角
II	$90° \sim 180°$	$r = 180° - A$	SE 象限角
III	$180° \sim 270°$	$r = A - 180°$	SW 象限角
IV	$270° \sim 360°$	$r = 360° - A$	NW 象限角

4. 测斜指针(或悬锥)

测斜指针是测斜仪的重要组成部分,放在底盘上,测量时指针(或悬锥尖端)所指、垂直刻度盘的度数,即倾角或坡度角的值。

5. 水准器

罗盘上通常有圆形或管状两个水准器,圆形水准器固定在底盘上,管状水准器固定在测斜仪上。当气泡居中时,分别表示罗盘底盘和罗盘含长边的面处于水平状态。但如果测斜仪是摆动式的悬锥,则没有管状水准器。

6. 瞄准器

瞄准器包括接目和接物觇板、反光镜中的细丝及其下方的透明小孔,是用来瞄准测量目的物(地形和地物)的。

(二)地质罗盘仪的使用方法

在使用前,需做磁偏角的校正,因为地磁的南、北两极与地理的南、北两极位置不完全相符,即磁子午线与地理子午线不重合,两者间夹角称磁偏角。地球上各点的磁偏角均定期计算,并公布以备查用。

在对方向或目的物方向进行测量时,即测定目的物与测这两点所连直线的方位角。方位角是指从子午线顺时针方向至测线的夹角。首先放松磁针制动小螺钮,打开对物觇板并指向所测目标,即用罗盘的北(N)端对着目的物,南(S)端靠近自己进行瞄准。使得目的物、对物觇板小孔、盖玻璃上的细丝三者连成一条直线,同时使圆形水准器的气泡居中,待磁针静止时,指北针所指的度数即为所测目标的方位角。

二、岩层产状要素的测定

岩层产状要素及其测量方法见图 1-1-3。

岩层的空间位置决定于其产状要素，岩层产状要素包括岩层的走向、倾向和倾角（见图 1-1-3）。

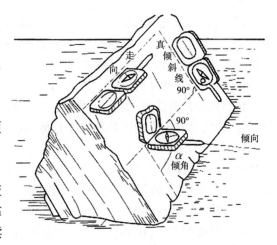

图 1-1-3　岩层产状要素及其测量方法

（一）岩层走向的测量

岩层走向是岩层层面与水平面相交的方位，测量时将罗盘仪长边的底棱紧靠岩层层面，当圆形水准器气泡居中时，读指北针或指南针所指读数即所求（因走向线是一条直线，其方向可往两边延伸，故读南北针均可）。

（二）岩层倾向的测量

岩层倾向是指岩层向下最大倾斜方向线（真倾向线）在水平面上投影的方位。测量时将罗盘仪北端指向岩层向下倾斜的方向，以南端短棱靠着岩层层面，当圆形水准器气泡居中时，读指北针所指读数即为所求。

（三）岩层倾角的测量

岩层倾角是指层面与假象水平面间的最大夹角，称为真倾角。真倾角可沿层面真倾斜线测量求得，若沿其他倾斜线测得的倾角均较真倾角小，则称为视倾角。测量时将罗盘仪侧立，使罗盘仪长边紧靠层面，并用右手中指拨动底盘外的活动扳手，同时沿层面移动罗盘仪，当管状水准器气泡居中时，测斜指针所指最大读数即岩层的真倾角，若测斜仪是悬锥式的罗盘仪，方法与上述基本相同，不同之处是右手中指按底盘外的按钮，悬锥则自由摆动，当达到最大值时松开中指，悬锥固定所指的读数即岩层的真倾角。

（四）岩层产状的记录方法

如用方位角罗盘仪测量，测得某地层走向是 330°、倾向为 240°、倾角为 50°，记作 330°/SW∠50°，或记作 240°∠50°（即只记倾向即可）。如果用方位角罗盘仪测量但要用象限角记录，则需把方位角换算成象限角，再做记录。如上述地层产状，其走向应为 $\gamma = 360° - 330° = 30°$，倾向 $\beta = 240° - 180° = 60°$，其产状记作 N30°W/SW∠50°，或直接记作 S60°W∠50° 即可。当在地质图或平面图上标注产状要素时，需要用符号和倾角表示。首先找出实测点在图上的位置，在该点按所测岩层走向的方位画小段直线（长 4 mm）表示走向，再按岩层倾向方位，在该线段中点作短垂线（长 2 mm）表示倾向，然后，将倾角数值标注在该符号的右下方。

三、利用地质罗盘仪作地形草测

（一）定方位

定方位（目标所处的方向和位置）亦称交会定点。

（1）当目标在视线（水平线）上方时的测量方法。右手紧握罗盘仪，上盖背面向着观察者，手臂紧贴身体，以减少抖动，左手调整长瞄准镜和反光镜，转动身体，使目标、瞄准尖的像同时映入反光镜，并为镜线所平分，保持圆水准器气泡居中，待磁针静止时指北针所指读数，即该目标所处的方向。

按照同样的方法，在另一个测点对该目标进行测量，这样从两个测点对该目标进行测量，得出两线沿着测出的度数相交于目标，就得出目标的位置。

（2）当目标在视线（水平线）下方时的测量方法。右手紧握罗盘仪，反光镜在观察者的对面，手臂同样紧贴身体，以减少抖动，左手调整长瞄准镜和上盖，转动身体，使目标、瞄准尖同时映入反光镜的椭圆孔中，并为镜线所平分，保持圆水准器气泡居中，则指北针所指示的读数，即该目标所处的方向。

按照同样的方法，在另一个测点对该目标进行测量，这样从两个测点对该目标进行测量，得出两线沿着测出的度数相交于目标，就得出目标的位置。

（二）测坡角

目标到观察者与水平面的夹角即为坡角。

右手握住罗盘仪外壳和底盘，长瞄准器在观察者一方，将罗盘仪平面垂直于水平面，长水准器气泡居下方。左手调整上盖和长瞄准器，使目标、瞄准尖的孔同时为反光镜的椭圆孔刻线所平分。然后，右手中指调整扳手，从反光镜中观察长水准器气泡居中，此时指示盘在方向盘上所指示的读数，即为该目标的坡角。

如果测某一坡面的坡角，则只需要把上盖打开到极限位置，将罗盘仪侧边直接放在该坡面上，调整长水准器气泡居中，读出该角度，即为该坡面的坡角（与测产状中的倾角相同）。

（三）定水平线

将长瞄准器扳至与盒面成一平面，上盖板扳至90°，而瞄准尖竖直，平行上盖，将指示器对准"0°"，则通过瞄准尖上的视孔和反光镜椭圆孔的视线，即为水平线。

（四）测物体的垂直角

把上盖扳到极限位置，用罗盘仪侧面紧贴物体具有代表性的平面，然后调整，使长水准器气泡居中，此时指示器的读数，即为该物体的垂直角。

四、实习注意事项与目的

（一）注意事项

在实习前，应对罗盘仪进行以下几方面的检查：

（1）罗盘仪上的南北线是否与罗盘仪长边平行，而且是否对准0°~180°。

（2）当罗盘仪贴放在直立面上的时候，倾斜时是否指向90°。

（3）检查磁针是否具有很灵敏的磁性，水平转动罗盘仪时磁针活动是否受阻。

如罗盘仪不符合上述要求，可要求更换。在使用罗盘仪时，应注意爱护，不用时一定要把磁针制动起来，而且不准用磁性的物体影响磁针。

（二）实习目的

（1）熟悉罗盘仪的构造，学习罗盘仪的用法。

（2）在野外观察沉积岩的成层现象及层面。

（3）量测岩层的产状要素。

五、学习内容与要求

（1）在教师指导下，在野外选一露头较好的地段作为实习地点。

（2）在教师指导下，首先观察沉积岩的成层及层理现象，识别层面与裂隙面。

（3）学习罗盘仪的用法，在教师指导下，统一量测岩层产状要素一次，并做好记录。

（4）每个同学分别选择 2～3 个产状点独立量测岩层的产状要素并做好记录。实习结束后，同学们可用书本等做成斜面，练习罗盘仪的用法。

第四节　褶皱、断裂及不整合构造地质图的阅读和分析

一、实习目的与要求

（1）了解褶皱、断裂、不整合构造和侵入体在地质图上的表示方法。

（2）掌握真倾角、视倾角的换算方法及应用。

（3）在逐步熟悉地质构造地质图的基础上学习各种地质构造剖面图的编制。

二、实习准备工作

（1）预习《工程地质与土力学》教材中各种地质构造和有关地质图的内容。

（2）预习各种与地质构造有关的常用图例（见附录）。

三、实习内容

一幅完整的地质图，一般附有地层柱状图和一条或几条通过全区的主要地层和地质构造的地质剖面图，在大中型水利水电工程建设中，沿建筑物轴线的地质剖面资料，往往是设计和施工的重要依据。地质剖面图能反映建筑物地基的工作地质条件，结合对平面图的分析，有助于从三维空间来加深对地质构造特征的理解。

各种地质构造在地质图上的特征如下所述。

（一）褶皱构造在地质图上的特征

褶皱构造的基本形态为背斜和向斜。由于分化剥蚀作用，使具有背斜和向斜构造的岩层在地面上常呈条带状分布。背斜从核部到两侧，岩层从老到新，对称重复出露；向斜从两侧到核部，岩层从新到老，亦对称重复出露。

从地质图上分析褶皱构造，先要从所附图例或地层柱状图中了解图区出露地层的层序关系，概括了解新老地层分布特征，初步分析地形条件和地形对岩层露头形态、宽度的影响，在此基础上，再在横穿地层总体延伸方向上观察地层新老分布是否有对称重复现象。若在老地层两侧，依次对称地排列着新地层，则可能存在有背斜构造；相反，在新地层两侧，依次对称排列着老地层，则可能有向斜构造存在。同一序次的褶皱，形成于被其弯曲的最新地层之后的地质年代。

（二）断裂构造在地质图上的特征

在地质图上,除用专门符号表示断层位置及其性状特征外,还可根据地质界线沿走向方向的突然中断(见图 1-1-4 中 F_1 和 F_4)、岩层沿倾向方向呈不对称重复出露(见图 1-1-4 中 F_2)或缺失(见图 1-1-4 中 F_3)等现象进行判断。

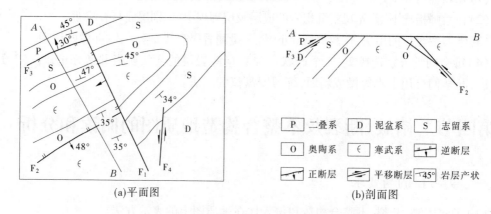

(a)平面图　　　　　　　　　　　　(b)剖面图

图 1-1-4　断层形成的地层中断、缺失和重复出露现象

（三）岩层接触关系在地质上的特征

当一个地区较长时期内处于地壳运动相对稳定的条件下,即沉积盆地不断缓慢下降,或者虽然处于上升,但未超出沉积基准面,或地壳的升降与沉积处于相对平衡,而沉积物一层层连续堆积。这样形成的一套岩层,它们之间的接触关系称为整合接触,如图 1-1-5 所示中的 C_2 与 C_3、C_3 与 P、J_1 与 J_2 等层之间的接触关系皆属此类。

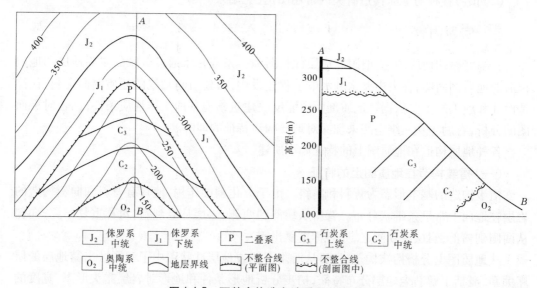

图 1-1-5　不整合构造在地质图上的特征

如果一个地区在沉积了一套岩层之后,因受到地壳运动影响而升出水面,沉积作用发生中断,并在或长或短的时间内遭受剥蚀,然后再次下降接受沉积,这样一个过程反映在地质剖面内,表现为先后沉积的两套地层之间缺失了部分时代的地层,也就是说上下两套地层在时代上不连续,中间有沉积间断。这样的两套地层之间的接触关系称为不整合,沉积间断面为不整合面。不整合面在地表的出露线为不整合线。每一个不整合面都代表着一次强烈的地壳运动。如我国的燕山运动,由于火成岩大规模侵入活动,使中生代侏罗纪前后的地层间存在着不整合面。

若两套地层之间仅仅缺失了一定时代的地层(即时间上不连续),但其产状彼此平行,这种接触关系称为平行不整合(或称假整合)。它是由于地壳平缓上升,老岩层在露出水面遭受剥蚀和发生沉积间断的过程中,未经强烈的褶皱,基本上保持了岩层的原始水平状态,然后再次下降接受新的沉积而形成的。图 1-1-5 中 O_2 与 C_2 间的接触关系即属此类。

若上下两套地层之间不仅缺失了部分时代的地层(时间上不连续),而且其产状也彼此不平行(空间上也不连续)、互相交截,这种接触关系称为角度不整合(或简称不整合)。如图 1-1-5 中 P 与 J_1 间的接触关系。它的形成过程可以概括为:地壳下降并接受沉积——强烈的地壳运动(褶皱、断裂,常伴有岩浆活动)使之隆起,继而遭受剥蚀,形成沉积间断——再次下降接受沉积。

不整合面上覆地层中最老的一层(底层)和下伏地层中最新的地层(顶层)间的时间间隔,就是形成该不整合面的时代。

四、地质剖面图的编制

根据地质平面图绘制剖面图时,首先要在平面图中确定剖面线的位置。一般剖面线的方向尽量垂直岩层走向、褶皱轴或断层线方向,这样才能更清楚、全面地反映地质构造形态。但为某种工程建筑物所需要的剖面图,常沿建筑物轴线方向绘制,如沿坝轴线、隧洞和渠道中心线等。

其次,应根据剖面线的长度和通过的地形,按比例尺画地形剖面轮廓线。一般剖面图的水平比例尺和垂直比例尺应与平面图的比例尺一致。有时因平面图的比例尺过小,或地形平缓,也可将剖面图的垂直比例尺适当放大,但此时剖面图中所采用的岩层倾角需进行换算,而且此时的剖面图对构造形态的反映有一定程度的失真。

画完地形轮廓线后,就可将岩层界线、断层线等投影到地形轮廓线上,然后根据岩层倾向、倾角、断层面产状等画出岩性及断层符号,加注代号。最后,标出剖面线方向,写上图名、比例尺、图例等,就完成了地质剖面图的绘制工作。

下面以图 1-1-6 为例,具体说明剖面图中地形剖面和地质界线的绘制方法。

图 1-1-6 上部是一幅简略的地质平面图。Ⅰ—Ⅱ是剖面线的位置。作地形剖面时,首先,作平行于Ⅰ—Ⅱ的直线Ⅰ′—Ⅱ′,并使两者长度相等,Ⅰ′—Ⅱ′称为基线。其次,在基线两端向上引垂线,并按一定间距作平行于基线的直线,以代表剖面的不同高程。剖面线Ⅰ—Ⅱ与平面图中的地形等高线的交点分别为 1、2、3、4、5,可自基线的左端点起量取和剖面线上Ⅰ—1 线段相等的距离,并投影到相应的高程线上,或通过 1 点作剖面线Ⅰ—Ⅱ的垂线到剖面的相应高程线上,都可得到点 1 的投影点 1′。同理,可求得点 2、3、4、5 的投影点 2′、3′、4′、5′,最后将以上各点连接成圆滑的曲线,即为地形剖面轮廓线。

地质界线在地形剖面线上的投影方法和等高线的投影方法相似,该平面图中仅表示了一个弯曲的岩层,这个岩层的界线和剖面线Ⅰ—Ⅱ的交点分别为 a、b、c、d,投影到地形剖面线

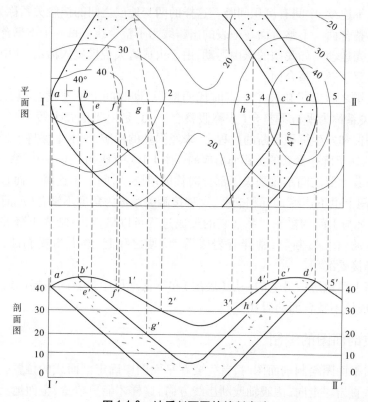

图 1-1-6　地质剖面图的绘制方法

上分别为 a'、b'、c'、d',根据平面图中岩层界线画剖面图中岩层分界线时,有以下两种情况:

(1)当图中已标出岩层产状时,若剖面线和岩层走向垂直,可直接根据岩层产状在剖面图上绘出岩层界线和岩性符号,如图 1-1-6 的右半部所示岩层,岩层走向与剖面线垂直,岩层倾向西,倾角 47°,剖面图中的岩层界线应朝左下方画线,斜线与水平线的夹角为 47°;若剖面线与岩层走向不垂直,需根据岩层倾角及剖面线和岩层走向间的夹角,把岩层真倾角换算成视倾角,换算式为 $\tan\beta = \tan\alpha \cdot \sin\theta$。其中 α 为岩层真倾角,θ 为岩层走向与剖面方向间的夹角,β 为岩层视倾角。

图 1-1-7 为真倾角、视倾角示意图。

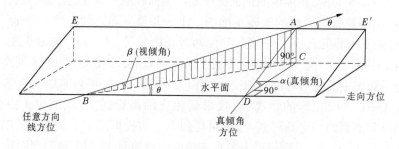

图 1-1-7　真倾角、视倾角示意图

(2)当图上没标出岩层产状时,可根据地形等高线与岩层界线的交点,求出岩层不同高度的走向线,如图1-1-6所示,岩层顶面的走向线与剖面线的交点为 e、f、g、h,它们分别投影到剖面图中相应高程线上,可得 e'、f'、g'、h',分别连接各部分投影点,就得出了剖面图中的岩层界线。

五、由钻孔柱状图绘制地质剖面图的画法

由钻孔柱状图绘制地质剖面图是工程中常用的方法,如图1-1-8、图1-1-9所示,具体

工程名称:××高速公路地质核查　　　　钻孔编号:QY01　　　　钻孔位置:K93+790R三级平台

层次	深度 (m)	地层柱状图 1:300	厚度 (m)	岩芯描述
1	2.7		2.7	松散花岗岩风化料填土
2	16.4		13.7	中密至密实花岗岩风化料填土,黏土含量不均
3	17.1		0.7	松散花岗岩风化料填土
4	37.0		19.9	中密至密实花岗岩风化料填土,黏土含量不均
5	42.0		5.0	中密腐殖土
6	45.8		3.8	上部为强风化花岗岩,RQD为15%~25%,下部为弱风化花岗岩,$RQD>90\%$

注:RQD为岩石质量指标。

图1-1-8　K93钻孔柱状图

做法如下:首先确定剖面线的位置,然后根据地质平面图绘制剖面图,最后根据钻孔柱状图资料绘制地层分界线即可。

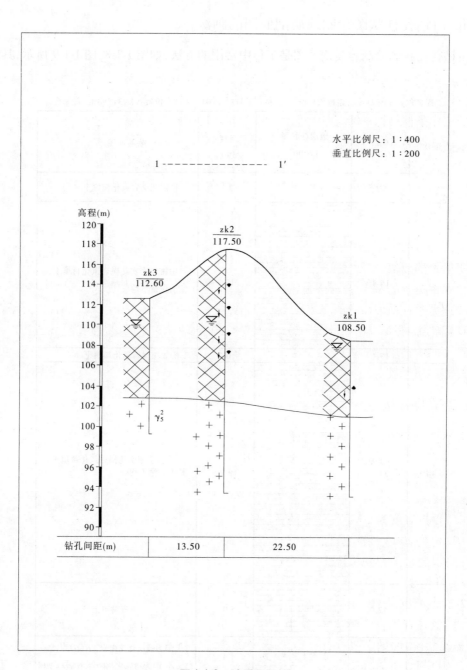

图 1-1-9　地质剖面图

第二章 土工实训指导

土的室内试验是岩土工程工作的重要组成部分之一,通过土的室内试验,使学生认识和熟悉土工试验的仪器设备,懂得土的物理性质、力学性质的测试方法,以及测试数据的处理方法,了解工程规划、设计、施工所需要的计算参数获取途径的方法,工程实际中原位土体的工作条件模拟试验条件的程度及在工程实际中试验方法的选择原则。

第一节 含水率试验

一、试验目的

土的含水率 w 是指土样在 $105 \sim 110$ ℃下烘干至恒量时所失去的水质量与达到恒量后干土质量的比值,以百分数表示。

含水率是土的基本物理性质指标之一,它反映了土的干湿状态。含水率的变化将使土的物理力学性质发生一系列变化,它可使土变成半固态、可塑状态或流动状态,可使土变成稍湿状态、很湿状态或饱和状态,也可造成土在压缩性和稳定性上的差异。含水率还是计算土的干密度、孔隙比、饱和度、液性指数等不可缺少的依据,也是建筑物地基、路堤、土坝等施工质量控制的重要指标。

二、试验方法

含水率试验方法有烘干法、酒精燃烧法、比重法、碳化钙气压法、炒干法等,其中以烘干法为室内试验的标准方法,施工现场常用酒精燃烧法。

(一)烘干法

1. 仪器设备

(1)保持温度为 $105 \sim 110$ ℃的自动控制电热恒温烘箱。

(2)称量 200 g、最小分度值为 0.01 g 的天平。

(3)恒质量的铝制称量盒。

(4)干燥器等。

2. 试验步骤

(1)取具有代表性的试样,黏性土为 15 ~ 30 g,砂类土、有机质为 50 g,放入称量盒内,立即盖好盒盖,称量盒加湿土质量,精确至 0.01 g。

(2)打开盒盖,将试样和盒一起放入烘箱内,在温度 $105 \sim 110$ ℃下烘至恒量。烘干时间对于黏质土不少于 8 h;对于砂类土不少于 6 h;对含有机质超过 10% 的土,应将温度控制在 $65 \sim 70$ ℃的恒温下烘干至恒量。

(3)将烘干后的试样和盒取出,盖好盒盖放入干燥器内,冷却至室温。

(4)将试样和盒从干燥器内取出,称量盒加干土质量,精确至 0.01 g。

(二)酒精燃烧法

1. 仪器设备

(1)称量 200 g、最小分度值为 0.01 g 的天平。

(2)酒精:纯度为 95%。

(3)其他:称量盒、滴管、火柴、调土刀等。

2. 试验步骤

(1)取具有代表性的试样,黏性土为 15~20 g,砂类土为 20~30 g,有机质为 50 g,放入称量盒内,立即盖好盒盖,称量盒加湿土质量,精确至 0.01 g。

(2)打开盒盖,用滴管将酒精注入盒内,直至盒内出现自由液面。为使酒精在试样中充分混合均匀,可将盒底在桌面轻轻敲击。

(3)点燃盒内酒精,燃烧至自然熄灭。

(4)按步骤(2)、(3)重复燃烧两次,待第三次火焰熄灭后,立即将称量盒盖上盒盖冷却至室温,称干土质量,精确至 0.01 g。

三、成果整理

按式(1-2-1)计算土的含水率:

$$w = \frac{m_1 - m_2}{m_2 - m_0} \times 100\% \qquad (1\text{-}2\text{-}1)$$

式中　w——土的含水率(%),精确至 0.1%;

　　　m_1——称量盒加湿土质量,g;

　　　m_2——称量盒加干土质量,g;

　　　m_0——称量盒质量,g。

含水率试验须进行两次平行测定,每组取两次土样测定含水率,取其算术平均值作为最后成果。但两次试验的平行差值不得大于表 1-2-1 规定。

表 1-2-1　含水率测定的允许平行差值

含水率 (%)	允许平行差值 (%)
<10	0.5
<40	1
≥40	2

四、试验记录

烘干法测含水率的试验记录表见第二篇土工测试实训报告。

第二节　密度试验

一、试验目的

土的密度 ρ 是指单位体积土体的质量,是土的基本物理性质指标之一,其单位为 g/cm^3。土的密度反映了土体结构的松紧程度,是计算土的干密度、孔隙比、孔隙率等指标的重要依据,也是自重应力计算、挡土墙压力计算、土坡稳定性验算、地基承载力和沉降量估算以及路基路面施工填土压实度控制的重要指标之一。

当用国际单位制计算土的重力时,由土的质量产生的单位体积的重力称为重力密度 γ,简称重度,其单位是 kN/m^3。重度与密度的关系为: $\gamma = \rho \times g$。

土的密度一般是指土的湿密度,相应的重度称为湿重度,此外还有土的干密度 ρ_d、饱和密度 ρ_{sat} 和有效密度 ρ',相应的有干重度 γ_d、饱和重度 γ_{sat} 和有效重度 γ'。

二、试验方法

密度试验的方法有环刀法、蜡封法、灌水法和灌砂法等。对一般黏质土,宜采用环刀法;若土样易碎裂,难以切削,可用蜡封法;对于现场粗粒土,可用灌水法或灌砂法。本书主要介绍环刀法。

环刀法就是采用一定体积的环刀切取土样,并称土质量,进而求得土的密度的方法,环刀内土的质量与环刀体积之比即为土的密度。

环刀法操作简便、准确,在室内和野外均可普遍采用,但环刀法只适用于测定不含砾石颗粒的细粒土的密度。

三、仪器设备

(1)不锈钢恒质量环刀,内径 6.18 cm(面积约 30 cm²)或内径 7.98 cm(面积约 50 cm²),高 20 mm,壁厚 1.5 mm。

(2)称量 500 g,最小分度值为 0.1 g 的电子天平。

(3)切土刀、钢丝锯、凡士林、玻璃片、玻璃板等。

四、操作步骤

(1)按工程需要取原状土或人工制备所需状态的扰动土样,用切土刀将土样削成略大于环刀直径的土柱,整平两端,放在玻璃板上。

(2)将环刀置于天平上称量 m_1,在环刀内壁涂一薄层凡士林,刀刃向下放在土样上。

(3)将环刀垂直下压,边压边削,至土样上端伸出环刀,根据试样的软硬程度,采用钢丝锯或切土刀将两端余土削去修平,并及时在两端盖上玻璃片,以免水分蒸发;将剩余的代表土样测定含水率。

(4)擦净环刀外壁并移去玻璃片,称取环刀加土样质量 m_2,精确至 0.1 g。

五、成果整理

按式(1-2-2)和式(1-2-3)分别计算土的湿密度和干密度：

$$\rho = \frac{m}{V} = \frac{m_2 - m_1}{V} \tag{1-2-2}$$

$$\rho_d = \frac{\rho}{1 + 0.01w} \tag{1-2-3}$$

式中　ρ——土的湿密度，g/cm^3，精确至 $0.01\ g/cm^3$；

　　　ρ_d——土的干密度，g/cm^3，精确至 $0.01\ g/cm^3$；

　　　m——湿土质量，g；

　　　m_2——环刀加湿土质量，g；

　　　m_1——环刀质量，g；

　　　w——土的含水率(%)；

　　　V——环刀容积，cm^3。

环刀法试验应进行两次平行测定，两次测定的密度差值不得大于 $0.03\ g/cm^3$，并取其两次测值的算术平均值。

六、试验记录

密度试验记录表见第二篇土工测试实训报告。

第三节　比重试验

一、试验目的

土的颗粒比重 G_s 是指土在 105～110 ℃下烘至恒量时的质量与土粒同体积4 ℃纯水质量的比值。

土的比重是土的基本物理性质指标之一，是计算孔隙比、孔隙率、饱和度等以及其他物理力学试验的重要依据，也是评价土类的主要指标。土的比重主要取决于土的矿物成分，不同土类的比重变化幅度不大，一般来说，砂土比重为 2.65～2.69，砂质粉土比重约为 2.70，黏质粉土比重约为 2.71，粉质黏土比重为 2.72～2.73，黏土比重为 2.74～2.76。

二、试验方法

比重试验方法有比重瓶法、浮称法、虹吸筒法等。根据土粒粒径不同，采用相应的试验方法：

(1)对于粒径 <5 mm 的土，用比重瓶法进行测定。

(2)对于粒径 ≥5 mm 的土，如果含粒径大于 20 mm 的颗粒小于 10%，用浮称法进行测定；如果含粒径大于 20 mm 的颗粒大于 10%，用虹吸筒法进行测定。

(3)按(1)、(2)两种情况进行测定后，取加权平均值作为土粒比重。

本书主要介绍比重瓶法的测定。

三、仪器设备

（1）容积为 100 mL 的比重瓶。

（2）称量 200 g、最小分度值为 0.001 g 的电子天平。

（3）恒温水槽、砂浴、温度计、纯水、土样筛、滴管、漏斗等。

四、操作步骤

（1）将比重瓶洗净烘干称重，精确至 0.001 g；装入过 5 mm 土样筛的烘干土 15 g 左右，称试样和比重瓶的总质量，精确至 0.001 g。

（2）为排除土中气体，将纯水注入已装有干土的比重瓶中至一半处，摇动比重瓶，并将比重瓶放在砂浴上煮沸，煮沸时间自悬液沸腾时算起，砂及砂质粉土不应少于 30 min，黏土及黏质粉土不应少于 1 h，煮沸时注意调节砂浴温度，以防悬液溢出比重瓶外。

（3）将纯水煮沸，冷却至室温后注入比重瓶内，再将比重瓶置于恒温水槽内，待瓶内水温稳定，且瓶内上部悬液澄清后取出，擦干比重瓶外壁，称比重瓶、水、试样总质量，精确至 0.001 g，称量后测出比重瓶内水温，精确至 0.5 ℃。

（4）根据测得的温度，从比重瓶校准绘制的温度与比重瓶、水总量关系图中查得比重瓶、水总质量。

五、成果整理

按式（1-2-4）计算土粒比重：

$$G_s = \frac{m_2 - m_1}{m_4 + m_2 - m_1 - m_3} G_{wT} \tag{1-2-4}$$

式中　G_s——土粒比重；

　　　　m_1——比重瓶质量，g；

　　　　m_2——比重瓶、试样总质量，g；

　　　　m_3——比重瓶、水、试样总质量，g；

　　　　m_4——比重瓶、水总质量，g；

　　　　G_{wT}——T ℃时纯水的比重，查表 1-2-2 可得。

比重瓶法试验应进行两次平行测定，两次测定的比重差值不得大于 0.02，并取其两次测值的算术平均值。

六、试验记录

比重试验记录表见第二篇土工测试实训报告。

表 1-2-2　不同温度下水的比重

温度(℃)	比重	温度(℃)	比重	温度(℃)	比重
0	0.999 870	32	0.995 060	68	0.978 929
2	0.999 970	34	0.994 400	70	0.977 799
4	1	35	0.994 060	72	0.976 639
5	0.999 995	36	0.993 720	74	0.975 469
6	0.999 970	38	0.993 000	76	0.974 269
8	0.999 880	40	0.992 250	78	0.973 059
10	0.999 730	42	0.991 470	80	0.971 819
12	0.999 530	44	0.990 660	82	0.970 559
14	0.999 270	46	0.989 820	84	0.969 289
15	0.999 129	48	0.988 960	86	0.967 989
16	0.998 970	50	0.988 070	88	0.966 679
18	0.998 630	52	0.987 150	90	0.965 339
20	0.998 233	54	0.986 210	92	0.963 989
22	0.997 800	56	0.985 240	94	0.962 619
24	0.997 330	58	0.984 250	96	0.961 229
25	0.997 074	60	0.983 229	98	0.959 819
26	0.996 810	62	0.982 189	100	0.958 389
28	0.996 260	64	0.981 119		
30	0.995 676	66	0.980 039		

第四节　颗粒分析试验

一、试验目的

颗粒的大小及其含量直接影响着土的工程性质。土颗粒的大小常以粒径来表示,土的粒径相近,其矿物成分接近,所呈现出来的物理力学性质基本相同,因此工程上常将粒径大小相近的土粒,按适当的粒径范围划分为一组,称为粒组。土粒的大小及其组成情况,通常以土中各粒组的相对含量(即各粒组占土粒总质量的百分数)来表示,称为土的颗粒级配。

颗粒分析试验就是测定干土中各粒组占该土总质量的百分数的方法,以了解土的颗粒大小分布情况,供土的分类、概略判断土的工程性质及选料之用。

二、试验方法

颗粒分析试验方法有筛析法(适用于粒径大于 0.075 mm 的土)和密度计法或移液管法(适用于粒径小于 0.075 mm 的土)。

下面分别介绍筛析法和密度计法。

三、筛析法

(一)仪器设备

(1)试验筛:圆孔粗筛(孔径分别为 60 mm、40 mm、20 mm、10 mm、5 mm、2 mm)和圆孔细筛(孔径分别为 2 mm、1 mm、0.5 mm、0.25 mm、0.075 mm)。

(2)称量 1 000 g、分度值为 0.1 g 和称量 500 g、分度值为 0.01 g 的电子天平各 1 个。

(3)称量 5 000 g、分度值为 1 g 的台秤。

(4)振筛机、烘箱、量筒、漏斗、研钵、橡皮板、瓷盘、毛刷、匙等。

(二)操作步骤

1. 称取试样

从风干、松散的土样中按下述规定取有代表性的试样,称量精确至 0.1 g,若试样质量超过 500 g,则精确至 1 g:

(1)对于粒径 <2 mm 的土,取 100 ~ 300 g。

(2)对于粒径 <10 mm 的土,取 300 ~ 1 000 g。

(3)对于粒径 <20 mm 的土,取 1 000 ~ 2 000 g。

(4)对于粒径 <40 mm 的土,取 2 000 ~ 4 000 g。

(5)对于粒径 <60 mm 的土,取 4 000 g 以上。

2. 无黏性土

(1)将称取的试样过 2 mm 的筛子,分别称出筛上和筛下的试样质量。若筛下的试样质量小于试样总质量的 10%,不作细筛分析;若筛上的试样质量小于试样总质量的 10%,不作粗筛分析。

(2)取 2 mm 筛上的试样倒入依次叠好的粗筛的最上层筛中,进行粗筛筛析;取 2 mm 筛下的试样倒入依次叠好的细筛的最上层筛中,进行细筛筛析。细筛宜放在振筛机上进行振摇,振筛时间一般为 10 ~ 15 min。

(3)由最大孔径的筛开始,顺序将各筛取下,在白纸上用手轻叩摇晃,直至无土粒漏下。将漏下的土粒全部放入下级筛内,并称量留在各级筛上及底盘内试样的质量,精确至 0.1 g。各级筛上及底盘内试样的质量总和与筛前试样质量之差不得大于 1%。

(4)所有各级试样质量之和与试验前取样质量之差不得大于 1%。

3. 含有黏土粒的砂砾土

(1)将黏结的土团试样在橡皮板上用木碾充分碾散,用四分法按"操作步骤 1. 称取试样"中的规定称取代表性试样,置于盛有清水的容器中,用搅拌棒搅拌,使试样充分浸润,和粗细颗粒分离。

(2)将试样混合液通过 2 mm 细筛,边搅拌、边冲洗、边过筛,然后将筛上的试样烘干至恒量后称重,精确至 0.1 g。称重后试样按前述方法进行粗筛筛析。

(3)用带橡皮头的研杵研磨 2 mm 筛下试样混合液,静置后将悬液通过 0.075 mm 筛,并反复向混合液加水研磨静置过筛,直至混合液澄清后,将全部混合液通过 0.075 mm 筛,边冲洗、边过筛,然后将筛上的试样烘干至恒量后称重,精确至 0.1 g。称重后试样按前述方法进行细筛筛析。

(4)从原取样总质量中减去步骤(2)、(3)称得质量之和,即为粒径小于 0.075 mm 颗粒土的质量。若小于 0.075 mm 颗粒土质量大于总质量的 10%,应按密度计法或移液管法进行颗粒分析。

(三)成果整理

(1)按式(1-2-5)计算小于某粒径的试样质量占试样总质量的百分数:

$$X = \frac{m_A}{m_B} d_x \tag{1-2-5}$$

式中　X——小于某粒径的试样质量占试样总质量的百分数(%);

　　　m_A——小于某粒径的试样质量,g;

　　　m_B——细筛筛析时为所取试样质量,粗筛筛析时为试样总质量,g;

　　　d_x——粒径小于 2 mm 的试样质量占总质量的百分数(%)。

(2)以小于某粒径的试样质量占试样总质量的百分数为纵坐标,以颗粒粒径为对数横坐标绘制颗粒大小分布曲线,如图 1-2-1 所示。

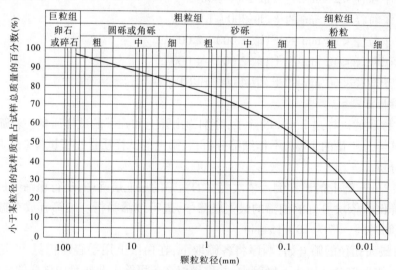

图 1-2-1　颗粒大小分布曲线

(3)按式(1-2-6)和式(1-2-7)计算不均匀系数与曲率系数:

$$C_u = \frac{d_{60}}{d_{10}} \tag{1-2-6}$$

式中　C_u——不均匀系数;

　　　d_{60}——限定粒径,在颗粒大小分布曲线上小于该粒径的土含量占总质量的 60% 的粒径,mm;

d_{10}——有效粒径,在颗粒大小分布曲线上小于该粒径的土含量占总质量的10%的粒径,mm。

$$C_c = \frac{d_{30}^2}{d_{60} d_{10}} \tag{1-2-7}$$

式中　C_c——曲率系数;

　　　d_{30}——在颗粒大小分布曲线上小于该粒径的土含量占总质量的30%的粒径,mm;

　　　其余符号意义同前。

(四)试验记录

筛析法颗粒分析试验记录表见第二篇土工测试实训报告。

四、密度计法

密度计法是依据司笃克斯(Stokes)定律进行测定的。具体做法是:将一定量的试样(粒径小于0.075 mm)放入量筒中,加入纯水,经搅拌后使土颗粒在水中均匀分布,制成浓度均匀的试样悬液1 000 mL,然后开始静置悬液,使土粒下沉。在沉降过程中,用密度计测出在悬液中对应于不同时间的不同悬液密度,根据密度计读数和土粒的下沉时间,就可计算出小于某一粒径的颗粒占土样的百分数。

用密度计法分析颗粒大小时需注意以下几点:

(1)试样颗粒组成的悬液能符合司笃克斯(Stokes)定律;

(2)试验前应使悬液浓度分布均匀;

(3)试验中所使用的量筒直径较比重计直径大得多。

(一)仪器设备

(1)甲种密度计:刻度单位以20 ℃时每1 000 mL悬液内所含土质量的克数表示,刻度为-5~50,分度值为0.5。

(2)量筒:高约45 cm,直径约6 cm,容积为1 000 mL,刻度为0~1 000 mL,分度值为10 mL。

(3)试验筛:细筛(孔径分别为2 mm、1 mm、0.5 mm、0.25 mm、0.1 mm)和洗筛(孔径为0.075 mm)及洗筛漏斗(直径略大于洗筛直径)。

(4)称量1 000 g、分度值为0.1 g和称量500 g、分度值为0.01 g及称量200 g、分度值为0.001 g的电子天平各1个。

(5)温度计:刻度为0~50 ℃,分度值为0.5 ℃。

(6)搅拌器:轮径50 mm,孔径约3 mm,杆长约450 mm,带螺旋叶。

(7)秒表、锥形烧瓶(500 mL)、研钵等。

(8)分散剂、检验试剂等。

(二)操作步骤

(1)从风干土样中称取有代表性试样200~300 g,过2 mm筛,求出筛上试样质量占总质量的百分数,测定过2 mm筛试样的风干含水率。

(2)从过2 mm筛试样中称取干土质量为30 g的风干试样,风干试样质量可按式(1-2-8)和式(1-2-9)计算:

当易溶盐含量 < 1% 时：

$$m_0 = 30 \times (1 + 0.01w_0) \qquad (1\text{-}2\text{-}8)$$

当易溶盐含量 ≥ 1% 时：

$$m_0 = \frac{30 \times (1 + 0.01w_0)}{1 - 0.01W} \qquad (1\text{-}2\text{-}9)$$

式中 m_0——风干试样质量，g；

w_0——风干试样含水率（%）；

W——易溶盐含量（%）。

（3）检验试样易溶盐含量（目测法），若易溶盐含量大于 0.5%，应进行洗盐。

①目测法检验易溶盐含量。

另取风干试样 3 g 于烧杯中，加 4～6 mL 纯水调成糊状，并用带橡皮头的研杵研散，再加 25 mL 纯水煮沸 10 min，冷却后经漏斗注入 30 mL 的试管中，静置过夜，观察试管，当悬液出现凝聚现象时，应进行洗盐。

②洗盐方法。

将步骤（2）称取的试样放入锥形烧瓶中，加纯水 200 mL，搅拌均匀后迅速倒入贴有滤纸的漏斗中，并用纯水冲洗锥形烧瓶，使瓶内土粒全部洗入漏斗。

向漏斗内注纯水冲洗滤纸上试样，若漏斗下滤液混浊，应再次用纯水冲洗过滤，注水时应保持漏斗内液面高出试样约 5 cm，注水后用表面皿盖住漏斗。

检查易溶盐的清洗程度可用两个试管分步取滤液 3～5 mL，一管加入数滴 10% 盐酸和 5% 氯化钡，另一管加入数滴 10% 硝酸和 5% 硝酸银。若发现任一管中有白色沉淀，则说明易溶盐未洗净，需继续清洗，直至两管内均无白色沉淀产生。

（4）将风干或洗净试样倒入锥形烧瓶中，勿使土粒丢失，注入纯水 200 mL，浸泡过夜。

（5）将锥形烧瓶置于砂浴上煮沸约 1 h，冷却后将悬液倒入烧杯中静置约 1 min，将上部悬液倒入量筒，杯底沉淀物用带橡皮头的研杵研散，加适量水搅拌后静置约 1 min，再将上部悬液通过 0.075 mm 筛倒入量筒，如此反复，直至烧杯内悬液澄清。

（6）将筛上及烧杯中土粒洗入蒸发皿，倒去上部清水，烘干后称量，并按筛析法中介绍的方法进行细筛筛析。

（7）将细筛筛析中通过 0.075 mm 筛的悬液倒入原有悬液量筒中，加入 4% 的六偏磷酸钠 10 mL，再注入纯水至 1 000 mL。

（8）用搅拌器在量筒内沿整个悬液深度上下搅拌约 1 min，往复各约 30 次，搅拌时注意勿使悬液溅出筒外。

（9）取出搅拌器，启动秒表，并分别测记 0.5 min、1 min、2 min、5 min、15 min、30 min、120 min 和 1 440 min 时的密度计读数，精确至 0.5。每次读数前 10～20 s 将密度计小心放入，注意保持密度计浮泡在量筒中部，不得与筒壁贴近；每次读数后注意将密度计小心取出放入盛有纯水的量筒中，并测定相应悬液的温度，精确至 0.5 ℃。

（三）成果整理

（1）按式（1-2-10）计算小于某粒径的试样质量占试样总质量的百分数：

$$X = \frac{100}{m_d} C_s (R + m_T + n - C_D) \quad (1\text{-}2\text{-}10)$$

式中 X——小于某粒径的试样质量占试样总质量的百分数(%);

m_d——试样干土质量,g;

C_s——土粒比重校正值,查表1-2-3;

R——甲种密度计读数;

m_T——温度校正值,查表1-2-4;

n——弯液面校正值,将密度计放入20 ℃纯水中,此时密度计上弯液面的上、下缘读数之差即为弯液面校正值;

C_D——分散剂校正值,在1 000 mL的20 ℃纯水中加入分散剂前后密度计读数之差即为分散剂校正值。

表1-2-3 土粒比重校正值

土粒比重	比重校正值	土粒比重	比重校正值	土粒比重	比重校正值
2.50	1.038	2.64	1.002	2.78	0.973
2.52	1.032	2.66	0.998	2.80	0.969
2.54	1.027	2.68	0.993	2.82	0.965
2.56	1.022	2.70	0.989	2.84	0.961
2.58	1.017	2.72	0.985	2.86	0.958
2.60	1.012	2.74	0.981	2.88	0.954
2.62	1.007	2.76	0.977		

表1-2-4 温度校正值

悬液温度(℃)	温度校正值	悬液温度(℃)	温度校正值	悬液温度(℃)	温度校正值
10.0	−2.0	17.0	−0.8	24.0	+1.3
10.5	−1.9	17.5	−0.7	24.5	+1.5
11.0	−1.9	18.0	−0.5	25.0	+1.7
11.5	−1.8	18.5	−0.4	25.5	+1.9
12.0	−1.8	19.0	−0.3	26.0	+2.1
12.5	−1.7	19.5	−0.1	26.5	+2.2
13.0	−1.6	20.0	±0.0	27.0	+2.5
13.5	−1.5	20.5	+0.1	27.5	+2.6
14.0	−1.4	21.0	+0.3	28.0	+2.9
14.5	−1.3	21.5	+0.5	28.5	+3.1
15.0	−1.2	22.0	+0.6	29.0	+3.3
15.5	−1.1	22.5	+0.8	29.5	+3.5
16.0	−1.0	23.0	+0.9	30.0	+3.7
16.5	−0.9	23.5	+1.1		

（2）试样颗粒粒径按式（1-2-11）（司笃克斯公式）计算：

$$d = \sqrt{\frac{1\ 800 \times 10^4 \eta}{(G_s - G_{wT})\rho_w g} \cdot \frac{L}{t}} = K\sqrt{\frac{L}{t}} \tag{1-2-11}$$

式中　d——试样颗粒粒径，mm；

　　　η——水的动力黏滞系数，$\times 10^{-6}$ kPa·s，查表 1-2-5；

　　　G_s——土粒比重；

　　　G_{wT}——T ℃时纯水的比重，查表 1-2-2；

　　　ρ_w——4 ℃时纯水的密度，g/cm³；

　　　L——某一时间 t 内的土粒沉降距离，cm，$L = a - bR$；

　　　R——密度计读数；

　　　a、b——量筒校正系数；

　　　t——沉降时间，s；

　　　g——重力加速度，9.81 cm/s²；

　　　K——粒径计算系数，可查表 1-2-6。

表 1-2-5　水的动力黏滞系数

温度 （℃）	动力黏滞系数 η （$\times 10^{-6}$ kPa·s）	温度 （℃）	动力黏滞系数 η （$\times 10^{-6}$ kPa·s）	温度 （℃）	动力黏滞系数 η （$\times 10^{-6}$ kPa·s）
5.0	1.516	13.5	1.188	22.0	0.968
5.5	1.498	14.0	1.175	22.5	0.952
6.0	1.470	14.5	1.160	23.0	0.941
6.5	1.449	15.0	1.144	24.0	0.919
7.0	1.428	15.5	1.130	25.0	0.899
7.5	1.407	16.0	1.115	26.0	0.879
8.0	1.387	16.5	1.101	27.0	0.859
8.5	1.367	17.0	1.088	28.0	0.841
9.0	1.347	17.5	1.074	29.0	0.823
9.5	1.328	18.0	1.061	30.0	0.806
10.0	1.310	18.5	1.048	31.0	0.789
10.5	1.292	19.0	1.035	32.0	0.773
11.0	1.274	19.5	1.022	33.0	0.757
11.5	1.256	20.0	1.010	34.0	0.742
12.0	1.239	20.5	0.998	35.0	0.727
12.5	1.223	21.0	0.986		
13.0	1.206	21.5	0.974		

表 1-2-6 粒径计算系数 K 值

温度 (℃)	土粒比重								
	2.45	2.50	2.55	2.60	2.65	2.70	2.75	2.80	2.85
5	0.138 5	0.136 0	0.133 9	0.131 8	0.129 8	0.127 9	0.126 1	0.124 3	0.122 6
6	0.136 5	0.134 2	0.132 0	0.129 9	0.128 0	0.126 1	0.124 3	0.122 5	0.120 8
7	0.134 4	0.132 1	0.130 0	0.128 0	0.126 0	0.124 1	0.122 4	0.120 6	0.118 9
8	0.132 4	0.130 2	0.128 1	0.126 0	0.124 1	0.122 3	0.120 5	0.118 8	0.118 2
9	0.130 4	0.128 3	0.126 2	0.124 2	0.122 4	0.120 5	0.118 7	0.117 1	0.116 4
10	0.128 8	0.126 7	0.124 7	0.122 7	0.120 8	0.118 9	0.117 3	0.115 6	0.114 1
11	0.127 0	0.124 9	0.122 9	0.120 9	0.119 0	0.117 3	0.115 6	0.114 0	0.112 4
12	0.125 3	0.123 2	0.121 2	0.119 3	0.117 5	0.115 7	0.114 0	0.112 4	0.110 9
13	0.123 5	0.121 4	0.119 5	0.117 5	0.115 8	0.114 1	0.112 4	0.110 9	0.109 4
14	0.122 1	0.120 0	0.118 0	0.116 2	0.114 9	0.112 7	0.111 1	0.109 5	0.108 0
15	0.120 5	0.118 4	0.116 5	0.114 8	0.113 0	0.111 3	0.109 6	0.108 1	0.106 7
16	0.118 9	0.116 9	0.115 0	0.113 2	0.111 5	0.109 8	0.108 3	0.106 7	0.105 3
17	0.117 3	0.115 4	0.113 5	0.111 8	0.110 0	0.108 5	0.106 9	0.104 7	0.103 9
18	0.115 9	0.114 0	0.112 1	0.110 3	0.108 6	0.107 1	0.105 5	0.104 0	0.102 6
19	0.114 5	0.112 5	0.110 3	0.109 0	0.107 3	0.105 8	0.103 1	0.108 8	0.101 4
20	0.113 0	0.111 1	0.109 3	0.107 5	0.105 9	0.104 3	0.102 9	0.101 4	0.100 0
21	0.111 8	0.109 9	0.108 1	0.106 4	0.104 3	0.103 3	0.101 8	0.100 3	0.099 0
22	0.110 3	0.108 5	0.106 7	0.105 0	0.103 5	0.101 9	0.100 4	0.099 0	0.097 67
23	0.109 1	0.107 2	0.105 5	0.103 8	0.102 3	0.100 7	0.099 3	0.097 93	0.096 59
24	0.107 8	0.106 1	0.104 4	0.102 8	0.101 2	0.099 7	0.098 23	0.096 0	0.095 55
25	0.106 8	0.104 7	0.103 1	0.101 4	0.099 9	0.098 39	0.097 01	0.095 66	0.094 34
26	0.105 4	0.103 5	0.101 9	0.100 3	0.098 79	0.097 31	0.095 92	0.094 55	0.093 27
27	0.104 1	0.102 4	0.100 7	0.099 15	0.097 67	0.096 23	0.094 82	0.093 49	0.092 25
28	0.103 2	0.101 4	0.099 75	0.098 18	0.096 70	0.095 29	0.093 91	0.092 57	0.091 32
29	0.101 9	0.100 2	0.098 59	0.097 06	0.095 55	0.094 13	0.092 79	0.091 44	0.090 28
30	0.100 8	0.099 1	0.097 52	0.095 97	0.094 50	0.093 11	0.091 76	0.090 50	0.089 27
35	0.095 65	0.094 05	0.092 55	0.091 12	0.089 68	0.088 35	0.087 08	0.086 86	0.084 68
40	0.091 20	0.089 68	0.088 22	0.086 84	0.085 50	0.084 24	0.083 01	0.081 86	0.080 73

（3）土粒沉降距离校正。

①土粒沉降距离按式（1-2-12）计算：

$$L = L_1 + \left(L_0 - \frac{V_b}{2A} \right) \tag{1-2-12}$$

式中　L——土粒有效沉降距离，cm；

L_1——自最低刻度至玻璃杆上各分度的距离，cm；

L_0——密度计浮泡中心至最低分度的距离，cm；

V_b——密度计浮泡体积，cm³；

A——1 000 mL 量筒面积，通过测定内径（准确至 1 mm）计算。

②将不同分度对应的 L_1 代入式（1-2-12）计算得到相应的 L 值，并绘制密度计校正读数 R_H（$R_H = R + n$，其中，R 为相应的密度计分度值，n 为弯液面校正值）与土粒有效沉降距离 L 的关系曲线，见图 1-2-2。

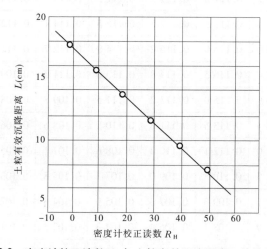

图 1-2-2　密度计校正读数 R_H 与土粒有效沉降距离 L 的关系曲线

（4）制图。

以小于某粒径的试样质量占试样总质量的百分数为纵坐标，以颗粒粒径为对数横坐标绘制颗粒大小分布曲线，如图 1-2-1 所示。若和筛析法联合分析，应将两段曲线绘成一平滑曲线。

（四）试验记录

密度计法颗粒分析试验记录表见第二篇土工测试实训报告。

第五节　界限含水率试验

一、试验目的

黏性土的状态随着含水率的变化而变化，当含水率不同时，黏性土可分别处于固态、半固态、可塑状态及流动状态；黏性土从一种状态转到另一种状态的分界含水率称为界限含水率。土从流动状态转到可塑状态的界限含水率称为液限 w_L；土从可塑状态转到半固态的界限含水率称为塑限 w_P；土由半固态不断蒸发水分，则体积逐渐缩小，直到体积不再缩小时的界限含水率称为缩限 w_s。

土的塑性指数 I_P 是指液限与塑限的差值，由于塑性指数在一定程度上综合反映了影响黏性土特征的各种重要因素，因此黏性土常按塑性指数进行分类。土的液性指数 I_L 是指黏性土的天然含水率和塑限的差值与塑性指数之比，液性指数可用来表示黏性土所处的软硬状态，所以土的界限含水率不但是计算土的塑性指数和液性指数不可缺少的指标，而且是估算地基承载力等的一个重要依据。

界限含水率试验要求土的颗粒粒径小于 0.5 mm，有机质含量不超过 5%，且宜采用天然含水率的试样，也可采用风干试样，当试样含有粒径大于 0.5 mm 的土粒或杂质时，应过 0.5 mm 的筛。

二、试验方法

液限是区分黏性土可塑状态和流动状态的界限含水率，测定土的液限主要有圆锥仪法、碟式仪法等试验方法；塑限是区分黏性土可塑状态与半固态的界限含水率，测定土的塑限的试验方法主要是滚搓法。另外，也可采用液塑限联合测定法来测定土的液限和塑限。

本书主要介绍液塑限联合测定法。液塑限联合测定法是根据圆锥仪的圆锥入土深度与其相应的含水率在双对数坐标上具有线性关系的特性来进行测定的。利用圆锥质量为 76 g 的液塑限联合测定仪测得土在不同含水率时的圆锥入土深度，并绘制其关系直线图，在图上查得圆锥下沉深度为 10 mm（或 17 mm）所对应的含水率即为液限，查得圆锥下沉深度为 2 mm 所对应的含水率即为塑限。

三、仪器设备

（1）光电式液塑限联合测定仪：圆锥质量为 76 g、锥角 30°，试样杯直径 40 mm、高 30 mm。

（2）称量 200 g、最小分度值为 0.01 g 的天平。

（3）烘箱、干燥器、铝盒、刮土刀、筛（孔径 0.5 mm）、凡士林等。

四、操作步骤

（1）取用具有代表性的天然含水率试样 250 g（若土样不均匀，可取用 0.5 mm 筛下的代表性风干试样 200 g），将试样放在橡皮板上用纯水将土样调成均匀膏状，放入调土皿，盖上湿布，浸润过夜。

（2）将制备好的试样用刮土刀充分调拌均匀，密实地填入试样杯中，注意不要留有空隙，填满后用刮土刀将高出试样杯的余土刮平。

（3）将试样杯放至联合测定仪的升降座上，在圆锥仪的锥尖上涂抹一薄层凡士林，接通电源，使电磁铁吸住圆锥仪。

（4）调节零点，使初始读数为零，并调节升降座，使圆锥仪的锥尖正好接触试样表面。

（5）按动控制开关,使圆锥仪在自重下沉入试样,经 5 s 后立即测读圆锥下沉深度,然后取出试样杯,挖去锥尖入土处的凡士林,取锥体附近试样 10 g 以上 2 个,测定含水率。

（6）将步骤（1）制备好的试样再加水或吹干并调匀,重复步骤（2）～（5）分别测定第二点、第三点试样的圆锥下沉深度及相应含水率。液塑限联合测定至少在 3 点以上,3 次圆锥下沉深度应控制在 3～4 mm、7～9 mm、15～17 mm。

五、成果整理

（1）按式（1-2-1）计算土的含水率:

$$w = \frac{m_1 - m_2}{m_2 - m_0} \times 100\%$$

式中　w——土的含水率（%）,精确至 0.1% ;

　　　m_1——称量盒加湿土质量,g;

　　　m_2——称量盒加干土质量,g;

　　　m_0——称量盒质量,g。

（2）以含水率为横坐标,以圆锥下沉深度为纵坐标,在双对数坐标纸上绘制关系曲线,如图 1-2-3 所示。三点应在一条直线上,如图 1-2-3 中 A 线所示。当三点不在一条直线上,通过高含水率的一点与其余两点连成两条直线,在圆锥下沉深度为 2 mm 处查得两个相应的含水率,若两个含水率的差值 <2% ,则以该两点含水率的平均值与高含水率的点连成一直线,如图 1-2-3 中 B 线所示;若两个含水率的差值 ≥2% ,则重做试验。

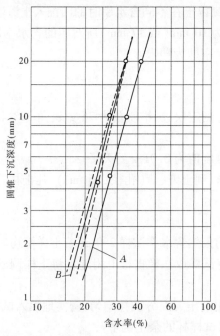

图 1-2-3　圆锥下沉深度与含水率关系曲线

（3）在圆锥下沉深度与含水率关系曲线图中查得下沉深度为 17 mm 所对应的含水率为液限;查得下沉深度为 2 mm 所对应的含水率为塑限,均以百分数表示,并取整数。

(4)按式(1-2-13)、式(1-2-14)分别计算塑性指数和液性指数:

$$I_P = w_L - w_P \tag{1-2-13}$$

$$I_L = \frac{w - w_P}{I_P} \tag{1-2-14}$$

式中　I_P——塑性指数;

　　　w_L——液限(%);

　　　w_P——塑限(%);

　　　w——天然含水率(%);

　　　I_L——液性指数,计算至0.01。

六、试验记录

液塑限联合测定法试验的记录表见第二篇土工测试实训报告。

第六节　渗透试验

一、试验目的

渗透试验的目的是测定土的渗透系数。土体孔隙中的自由水在重力作用下发生流动的现象称为土的渗透性,而渗透系数 k 是综合反映土的渗透能力的重要指标,可用来分析天然地基、堤坝和基坑边坡等的渗流稳定,确定土的渗透变形,为施工选料等提供指标和依据。

二、试验方法

室内渗透试验分为常水头渗透试验和变水头渗透试验两种。常水头渗透试验适用于粗粒土(砂质土),变水头渗透试验适用于细粒土(黏质土和粉质土)。本书主要介绍变水头渗透试验。

三、仪器设备

(1)变水头渗透试验装置,见图1-2-4。

①渗透容器:由环刀、透水石、套环、上盖和下盖组成,环刀内径61.8 mm,高40 mm,透水石的渗透系数应大于 10^{-3} cm/s。

②变水头装置:由变水头管、供水瓶、进水管等组成,变水头管的内径应均匀,管径不大于1 cm,管外壁应有最小分度为1.0 mm的刻度,长度宜为2 m左右。

(2)其他:切土器、100 mL量筒、秒表、温度计、削土刀、凡士林等。

四、操作步骤

(1)用环刀在垂直或平行土样层面切取原状试样或制备成给定密度的扰动土试样(切土时,注意尽量避免结构扰动),平整试样两面(平整时,禁止用削土刀反复涂抹试样

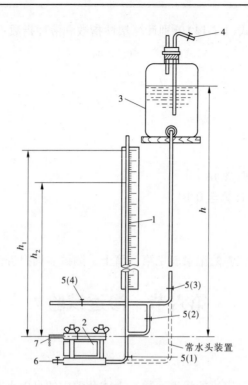

1—变水头管;2—渗透容器;3—供水瓶;4—接水源管;

5—进水管夹;6—排气管;7—出水管

图 1-2-4　变水头渗透试验装置

表面),并进行充分饱和。

(2)在渗透容器套筒内涂抹一薄层凡士林,将装有试样的环刀推入套筒,并压入止水垫圈,装上带有透水板和垫圈的上、下盖,用螺丝拧紧,密封至不漏水、不漏气。对不易透水的试样,需进行抽气饱和;对饱和试样和较易透水的试样,直接用变水头装置的水头进行试样饱和。

(3)将装好试样的渗透容器与变水头装置连通,使供水瓶中的纯水充满进水管;打开排气管止水阀,将渗透容器侧立,使排气管向上,打开进水管夹,将水注入渗透容器,排除容器底部的空气,直至排气管溢出水,水中无气泡;关闭排气管止水阀,将渗透容器放平,使试样自下而上进行饱和,直至出水管有水溢出,认为试样已达饱和。

(4)向变水头管注水至需要高度(一般不应大于 2 cm)后,关止水夹 5(2),并启动秒表,记录开始时间 t_1 的同时测记开始水头 h_1,经过时间 t 后,再测记终了时间 t_2 及终了水头 h_2,并记录下水温,经过相等的时间再连续测记 2~3 次后,使变水头管内水位回升到需要高度,连续测记数次,需 6 次以上,试验终止。

五、成果整理

(1)按式(1-2-15)计算变水头渗透系数:

$$k_T = 2.3 \frac{aL}{A(t_2 - t_1)} \lg \frac{h_1}{h_2} \tag{1-2-15}$$

式中 k_T——水温为 T ℃时试样的渗透系数,cm/s;

  a——变水头管截面面积,cm²;

  L——渗径,等于试样高度,cm;

  A——试样的断面面积,cm²;

  t_1——测记水头的开始时间,s;

  t_2——测记水头的终了时间,s;

  h_1——开始水头,cm;

  h_2——终了水头,cm。

(2)按式(1-2-16)计算标准温度(20 ℃)下的渗透系数:

$$k_{20} = k_T \frac{\eta_T}{\eta_{20}} \tag{1-2-16}$$

式中 k_{20}——水温为 20 ℃时,试样的渗透系数,cm/s;

  η_T——T ℃时水的动力黏滞系数,×10⁻⁶ kPa·s,可查表 1-2-5;

  η_{20}——20 ℃时水的动力黏滞系数,×10⁻⁶ kPa·s,可查表 1-2-5;

  其余符号同前。

(3)在计算的结果中取 3～4 个在允许差值范围内的数值求其平均值,作为试样在该孔隙比 e 时的渗透系数。

六、试验记录

变水头渗透试验记录表见第二篇土工测试实训报告。

第七节 击实试验

一、试验目的

当填土或松软地基受到夯击、碾压等动力作用后,孔隙体积会减小,密度将增大。因此,在工程建设中,常见的土坝、土堤等的填筑土料,都要进行击实,以达到一定的密实度,从而减小填土的压缩性和透水性,提高抗剪强度;松软地基也可通过击实改善其工程性质,提高强度和减小变形。为了经济有效地将填土击实到符合工程要求的密度,有必要对填土的击实特性进行研究。

击实试验的目的就是用标准的击实方法,测定土的密度与含水率的关系,从而确定土的最大干密度与最优含水率。

二、试验方法

击实试验分为轻型击实试验和重型击实试验两种方法。轻型击实试验适用于粒径小于 5 mm 的黏性土,其单位体积击实功为 592.2 kJ/m³;重型击实试验适用于粒径小于 20 mm 的土,其单位体积击实功为 2 684.9 kJ/m³。

三、仪器设备

（1）击实仪：由击实筒（见图 1-2-5）、击锤和导筒（见图 1-2-6）组成，其尺寸应符合表 1-2-7 的规定。

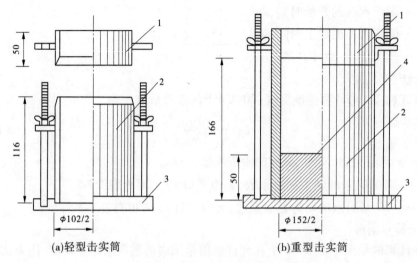

(a)轻型击实筒　　　　(b)重型击实筒

1—护筒;2—击实筒;3—底板;4—垫块

图 1-2-5　击实筒 （单位:mm）

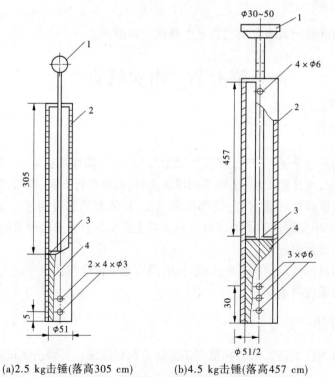

(a)2.5 kg击锤(落高305 cm)　　　(b)4.5 kg击锤(落高457 cm)

1—提手;2—导筒;3—硬橡皮垫;4—击锤

图 1-2-6　击锤和导筒 （单位:mm）

表1-2-7　击实仪主要部件尺寸规格

试验方法	击锤底直径（mm）	击锤质量（kg）	落高（mm）	击实筒			护筒高度（mm）	备注
				内径（mm）	筒高（mm）	容积（cm³）		
轻型	51	2.5	305	102	116	947.4	≥50	
重型	51	4.5	457	152	116	2 103.9	≥50	

（2）称量200 g、最小分度值为0.01 g的天平。

（3）称量10 kg、最小分度值为5 g的台秤。

（4）标准筛：孔径为20 mm的圆孔筛和5 mm的标准筛。

（5）试样推出器：螺旋式千斤顶或液压式千斤顶，若无此类装置，也可用刮土刀从击实筒中取出试样。

（6）其他：烘箱、喷水设备、碾土设备、盛土器、修土刀和保湿设备。

四、操作步骤

（1）取一定量的代表性风干土样（轻型约为20 kg，重型约为50 kg），经碾散（用木碾在橡皮板上碾散或用碾土器碾散）后分别按下列方法备样：

①轻型击实试验过5 mm筛，将筛下土样拌匀，并测定土样的风干含水率。根据土的塑限预估最优含水率，按依次相差约2%的含水率制备一组（不少于5个）试样，其中应有2个含水率大于塑限、2个含水率小于塑限、1个含水率接近塑限，按式（1-2-17）计算应加水量：

$$m_w = \frac{m}{1 + 0.01w_0} \times 0.01(w - w_0) \qquad (1\text{-}2\text{-}17)$$

式中　m_w——土样所需加水质量，g；

　　　m——风干含水率时的土样质量，g；

　　　w_0——风干含水率（%）；

　　　w——土样所要求的含水率（%）。

②重型击实试验过20 mm筛，将筛下土样拌匀，并测定土样的风干含水率。按依次相差约2%的含水率制备一组（不少于5个）试样，其中至少有3个含水率小于塑限的试样。然后按式（1-2-17）计算加水量。

③将一定量土样平铺于不吸水的盛土器内（轻型击实取土样约2.5 kg，重型击实取土样约5.0 kg），按预定含水率用喷水设备往土样上均匀喷洒所需加水量，拌匀，并装入塑料袋内或密封于盛土器内静置备用。静置时间分别为：高液限黏土（CH）不得少于24 h；低液限黏土（CL）可酌情缩短，但不应少于12 h。

（2）将击实仪放在坚实的地面上，击实筒内壁和底板涂一薄层润滑油，连接好击实筒与底板，安装好护筒。检查仪器各部件及配套设备的性能是否正常，并做好记录。

（3）从制备好的1份试样中称取一定量土料，分层倒入击实筒内，并将土面整平后击实。轻型击实试验分3层击实，每层25击；重型击实试验分5层击实，每层56击。击实后的每层试样高度应大致相等,两层交接面的土面应刨毛,击实完成后,超出击实筒顶的试样高度应小于 6 mm。

(4)取下导筒,用修土刀修平超出击实筒顶部的试样,拆除底板,若试样底面超出筒外,也应修平。擦净筒外壁,称筒与试样的总质量,准确至 1 g,并计算试样的湿密度。

(5)用试样推出器从击实筒内推出试样,从试样中心处取 2 个代表性试样(轻型击实试验为 15 ~ 30 g,重型击实试验为 50 ~ 100 g),平行测定土的含水率,称量精确至 0.01 g,含水率的平行误差不得超过 1% 。

(6)重复步骤(2) ~ (5),对其他含水率的土样进行击实,一般不重复使用土样。

五、成果整理

(1)按式(1-2-18)计算击实后各试样的含水率:

$$w = \left(\frac{m}{m_\mathrm{d}} - 1 \right) \times 100\% \tag{1-2-18}$$

式中　w——含水率(%);

　　　m——湿土质量,g;

　　　m_d——干土质量,g。

(2)按式(1-2-19)计算击实后各试样的干密度:

$$\rho_\mathrm{d} = \frac{\rho}{1 + 0.01w} \tag{1-2-19}$$

式中　ρ_d——干密度,g/cm^3,精确至 0.01 g/cm^3;

　　　ρ——湿密度,g/cm^3。

(3)按式(1-2-20)计算土的饱和含水率:

$$w_\mathrm{sat} = \left(\frac{1}{\rho_\mathrm{d}} - \frac{1}{G_\mathrm{s}} \right) \times 100\% \tag{1-2-20}$$

式中　w_sat——土的饱和含水率(%);

　　　ρ_w——水的密度,g/cm^3;

　　　G_s——土粒比重。

(4)以干密度 ρ_d 为纵坐标、含水率 w 为横坐标,绘制干密度与含水率的关系曲线。曲线上峰值点的纵、横坐标分别代表土的最大干密度和最优含水率,如图 1-2-7 所示。如果曲线不能给出峰值点,应进行补点试验。

(5)计算不同干密度下土的饱和含水率,以干密度为纵坐标,含水率为横坐标,在图 1-2-7 上绘制饱和曲线。

(6)轻型击实试验中,当试样中粒径大于 5 mm 的颗粒含量 ≤30% 时,应按式(1-2-21)和式(1-2-22)分别计算校正后的最大干密度和最优含水率:

$$\rho'_\mathrm{dmax} = \frac{1}{\dfrac{1 - P}{\rho_\mathrm{dmax}} + \dfrac{P}{G_\mathrm{s2}\rho_\mathrm{w}}} \tag{1-2-21}$$

式中　ρ'_dmax——校正后的最大干密度,g/cm^3,精确至 0.01 g/cm^3;

　　　ρ_dmax——击实试样的最大干密度,g/cm^3;

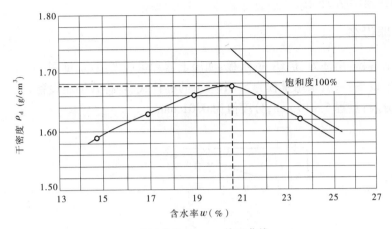

图 1-2-7　$\rho_{\mathrm{d}} \sim w$ 关系曲线

ρ_{w}——水的密度,g/cm^3;

P——粒径大于 5 mm 颗粒的含量(用小数表示);

G_{s2}——粒径大于 5 mm 颗粒的干比重。

$$w'_{\mathrm{op}} = w_{\mathrm{op}}(1 - P) + Pw_2 \qquad (1\text{-}2\text{-}22)$$

式中　　w'_{op}——校正后的最优含水率(%),精确至 0.01%;

w_{op}——击实试样的最优含水率(%);

w_2——粒径大于 5 mm 试样的吸着含水率(%);

其余符号意义同前。

六、试验记录

击实试验记录表见第二篇土工测试实训报告。

第八节　固结试验

一、试验目的

土的固结是土体在外荷载的作用下,水和空气逐渐被挤出孔隙,土的骨架颗粒相互挤紧,因而引起土的压缩变形的过程。在一般工程压力(100~600 kPa)作用下,固体矿物颗粒和水的压缩量极其微小,可忽略不计,土的压缩可以认为只是由于土中孔隙体积的缩小所致。

固结试验的目的是测定试样在侧限与轴向排水条件下的变形和压力,或孔隙比和压力的关系、变形和时间的关系,以便计算土的压缩系数 a、压缩指数 C_c、压缩模量 E_s、固结系数 C_v 及原状土的先期固结压力 p_c 等。

二、试验方法

固结试验方法有标准固结试验法、快速固结试验法和应变控制加荷固结试验法。本书主要介绍快速固结试验法。

三、仪器设备

（1）固结容器：由环刀、护环、透水板、加压上盖和量表架组成，见图1-2-8。

（2）加压设备：一般采用量程为 5 ~ 10 kN 的杠杆式、磅称式加压设备。

（3）百分表：量程 5 ~ 10 mm，分度值为 0.01 mm。

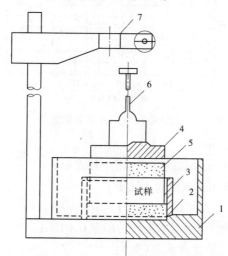

1—水槽；2—护环；3—环刀；4—加压上盖；
5—透水板；6—量表导杆；7—量表架

图1-2-8　固结容器示意图

（4）其他：调土刀、钢丝锯、天平、秒表等。

四、操作步骤

（1）根据工程需要，切取原状土样或制备给定密度与含水率的扰动土试样。

（2）如为冲填土，先将土样调成液限或 1.2 ~ 1.3 倍液限的土膏，拌和均匀，在保湿器内静置 24 h。然后把环刀倒置于小玻璃板上，用调土刀把土膏填入环刀，排除气泡刮平，称量。

（3）测得土样密度、含水率及比重。

（4）在固结容器内放置护环、透水板和薄滤纸，将带有环刀的试样小心装入护环内，然后在试样上放薄滤纸、透水板和加压盖板，置于加压框架下，对准加压框架的正中，安装量表，并调节其测量距离不小于 8 mm。

（5）为保证试样与仪器上下各部分之间接触良好，应施加 1 kPa 的预压压力，然后调整量表，使指针读数为零。

（6）逐级施加荷载，加压等级一般为 12.5 kPa、25 kPa、50 kPa、100 kPa、200 kPa、400 kPa、600 kPa。最后一级压力应大于上覆土层压力 100 ~ 200 kPa，标准固结试验法稳定的时间为 24 h。由于学时有限，试验要求只加 50 kPa、100 kPa、200 kPa、400 kPa 四级压力，用快速固结法，每级荷载施加 1 h 后，测记量表读数，再施加下一级荷载，最后一级荷载施加后除测记 1 h 的量表读数外,还需加测 24 h 的稳定读数,稳定标准为量表读数变化≤0.005 mm/h。

(7)试验结束后,迅速拆除仪器部件,取出带环刀的试样。

五、成果整理

(1)按式(1-2-23)计算试样的初始孔隙比 e_0:

$$e_0 = \frac{\rho_w G_s (1 + w_0)}{\rho_0} - 1 \tag{1-2-23}$$

式中　ρ_0——试样初始密度,g/cm^3;

　　　ρ_w——水的密度,g/cm^3,可取 1 g/cm^3;

　　　w_0——试样的初始含水率(%);

　　　G_s——土粒比重。

(2)按式(1-2-24)计算各级压力下固结稳定后的孔隙比 e_i:

$$e_i = e_0 - (1 + e_0) \frac{\sum \Delta h_i}{h_0} \tag{1-2-24}$$

式中　h_0——试样初始高度,mm;

　　　$\sum \Delta h_i$——某级压力下试样总高度变化量,mm,可按式(1-2-25)计算:

$$\sum \Delta h_i = K (h_i)_t = \frac{(h_n)_T}{(h_n)_t} (h_i)_t \tag{1-2-25}$$

式中　K——校正系数;

　　　$(h_i)_t$——某级压力下固结 1 h 的总变形量减去该压力下仪器变形量,mm;

　　　$(h_n)_T$——最后一级压力下固结稳定后的总变形量减去该压力下仪器变形量,mm;

　　　$(h_n)_t$——最后一级压力下固结 1 h 的总变形量减去该压力下仪器变形量,mm。

六、试验记录

快速固结试验记录表见第二篇土工测试实训报告。

第九节　直接剪切试验

一、试验目的

直接剪切试验简称直剪试验,是测定土的抗剪强度的一种常用方法。通常采用 4 个试样,分别在不同的垂直压力 p 下,施加水平剪切力进行剪切,测求试样破坏时的剪应力 τ,然后根据库仑定律确定土的抗剪强度参数:内摩擦角 φ 和黏聚力 c。

二、试验方法

直接剪切试验分为快剪(Q)试验、固结快剪(CQ)试验和慢剪(S)试验三种试验方法。

（一）快剪（Q）试验

快剪试验是在对试样施加垂直压力后，拔去固定销，立即以 0.8 mm/min 的剪切速度施加剪力，一般控制在 3～5 min 内将试样剪坏。该试验所得的强度称为快剪强度，相应的指标称为快剪强度指标，以 c_q、φ_q 表示。

当地基土透水性较差、排水不良，工程施工进度又快，土体未固结时承受荷载，可采用此法。

（二）固结快剪（CQ）试验

固结快剪试验是在对试样施加垂直压力至固结变形稳定后，再以 0.8 mm/min 的剪切速度快速施加水平剪应力，使试样剪切破坏。所得强度称为固结快剪强度，相应的指标称为固结快剪强度指标，以 c_{cq}、φ_{cq} 表示。

当建筑物在施工期间或完工以后，地基已充分固结，承受突然增加的荷载作用时，可采用此法。

（三）慢剪（S）试验

慢剪试验在试验时施加垂直压力，待固结稳定后，再拔去固定销，以小于 0.02 mm/min 的剪切速度使试样在充分排水的条件下进行剪切。所得强度称为慢剪强度，其相应的指标称为慢剪强度指标，以 c_s、φ_s 表示。

当地基排水条件较好，地基易在较短时间内固结，且施工进度慢，可采用此法。

本书主要介绍快剪试验。

三、仪器设备

（1）应变控制式直剪仪（见图 1-2-9）。

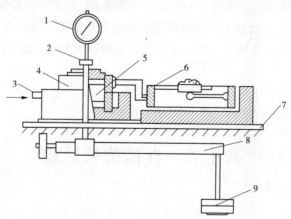

1—垂直变形百分表；2—垂直加压框架；3—推动座；4—剪切盒；
5—试样；6—测力计；7—台板；8—杠杆；9—砝码

图 1-2-9　应变控制式直剪仪结构示意图

（2）百分表：量程 5～10 mm，分度值为 0.01 mm。

（3）称量 500 g、最小分度值为 0.1 g 的电子天平。

（4）不锈钢恒质量环刀：内径 6.18 cm（面积约 30 cm²），高 20 mm，壁厚 1.5 mm。

(5)切土刀、钢丝锯、凡士林、玻璃片、玻璃板等。

四、操作步骤

(1)试样制备。用环刀切取试样,并测得密度及含水率,每组试验需取4个试样。

(2)检查下剪切盒底下两滑槽内钢珠是否分布均匀,在上下盒接触面上涂抹少许润滑油。对准上下盒,插入固定销。在下盒内放湿滤纸和透水板。将装有试样的环刀平口向下,对准剪切盒口,在试样顶面放湿滤纸和透水板,然后将试样徐徐推入剪切盒内,移去环刀。转动手轮,使上盒前端钢珠刚好与测力计接触,调整测力计读数为零。依次加上加压盖板、钢珠、垂直加压框架。

(3)施加垂直压力。可一次轻轻施加相应50 kPa的砝码,若土质松软,也可分级施加砝码,以防试样挤出。

(4)施加垂直压力后,立即拔去固定销。启动秒表,以0.8~1.2 mm/min的速度剪切(4~6 r/min匀速转动手轮),使试样在3~5 min内剪坏。如测力计读数达到稳定或有显著后退,表示试样已剪坏。一般剪切变形应达到4 mm,若测力计读数仍在增加,剪切变形应达到6 mm。

(5)剪切结束后,吸走剪切盒中积水,倒转手轮,尽快移去砝码、垂直加压框架、传压板等,取出试样。

(6)另装试样,重复以上步骤,测定其他三种垂直荷载(100 kPa、200 kPa、400 kPa)下的抗剪强度。

五、成果整理

(一)计算

分别按式(1-2-26)和式(1-2-27)计算试样的剪应力和剪切位移:

$$\tau = CR \tag{1-2-26}$$

$$\Delta l = 20n - R \tag{1-2-27}$$

式中　τ——试样所受的剪应力,kPa;

　　　C——测力计率定系数,kPa/0.01 mm;

　　　R——测力计读数,0.01 mm;

　　　Δl——剪切位移,0.01 mm;

　　　n——手轮转数。

(二)制图

(1)以剪应力为纵坐标、剪切位移为横坐标,绘制剪应力τ与剪切位移Δl的关系曲线(见图1-2-10)。取曲线上剪应力的峰值为抗剪强度τ_f,当无峰值时,取剪切位移4 mm所对应的剪应力为抗剪强度。

(2)以抗剪强度τ_f为纵坐标、垂直压力p为横坐标,绘制抗剪强度τ_f与垂直压力p的关系曲线(见图1-2-11)。直线的倾角为土的内摩擦角φ,直线在纵坐标轴上的截距为土的黏聚力c。

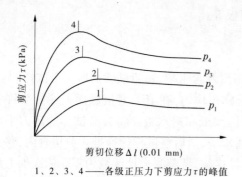

1、2、3、4——各级正压力下剪应力τ的峰值

图 1-2-10　剪应力与剪切位移关系曲线

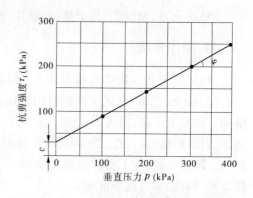

图 1-2-11　抗剪强度与垂直压力关系曲线

六、试验记录

直接剪切试验记录表见第二篇土工测试实训报告。

第三章　某风电场项目工程地质勘察报告

（详勘阶段）

第一节　前　言

一、工程概况

某风电场位于浙江省丽水市庆元县境内。庆元县为浙江省西南部最偏远的山区,距丽水市区约 185 km,距杭州市约 470 km,对外有丽龙高速和 S54 省道连通。

拟建风机布置于庆元县江根乡双苗尖一带山脊,风电场规划总装机容量为 40 MW,拟安装 20 台单机容量为 2.0 MW 的风电机组,风电机组拟采用筏板式基础,其平面形式为八边形,八边形外接圆直径为 21.50 m,基础埋深约 3.80 m。

二、勘察目的与要求

本次风电场的勘察属施工图设计阶段的详细勘察,主要目的是为每台风机基础施工图设计提供工程地质和水文地质依据。其主要任务如下:

(1)收集附有坐标和地形图的风机平面布置图,以及有关风电机组的性质、规模、荷载、结构特点、基础形式、埋置深度等资料。

(2)通过收集拟建场地的区域地质和地震等资料,对场地的稳定性、工程建设适宜性作出评价。

(3)详细查明风电场地形、地貌、地层、地质构造,地基岩土的形成时代和成因类型、组成及结构、深度、分布范围、物理力学性质、工程特性和变化规律,分析和评价地基的稳定性、均匀性。

(4)对场地和地基的地震效应作出分析评价,提供场地土类型、建筑场地类别和场地特征周期。

(5)查明场地内及其附近有无影响工程稳定的不良地质作用,并提出防治方案的建议。

(6)查明场地的水文地质条件,评价环境水、土对建筑材料的腐蚀性。

(7)提供基础设计所需的各岩土层的物理力学参数建议值,对建筑物基础类型提出建议。

三、勘察方法

本次勘察通过资料收集、地质测绘调查、现场钻探、取样、原位测试(包括标准贯入试验、双桥静力触探试验、十字板剪切试验)、室内土工试验、物探等方法和手段,提供设计所需资料。勘察工作途径及其主要用途见表 1-3-1。

表1-3-1　勘察工作途径及其主要用途一览表

勘察途径与方法			获取参数或资料
地质调查与测绘			沿线道路及其地下管线、建(构)筑物的分布等；地形、地貌、水文、气象、地层岩性与地质成因等
勘探	钻探		地层分布，尤其是软土的分布厚度及埋深，为波速试验提供条件
	取样		取原状样、扰动样、水样进行室内试验
原位测试	标准贯入试验		确定粉土、砂土密实度；确定承载力与变形参数
	双桥静力触探试验		划分土层，查明土质均匀性(特别对黏性土夹砂的情况有独到之处)和评价土的强度变形特征，辅助分析评价砂土液化等工程性质
	十字板剪切试验		测定原位应力条件下软黏性土的不排水抗剪强度及灵敏度，计算地基承载力，确定软黏性土地区土坡的临界高度及判定软黏性土的固结历史
室内试验	常规物理试验	物理试验	获取各岩层、土层的物理指标
		颗粒分析试验(黏粒分析)	测定粉土黏粒含量，获取砂土、碎石土颗粒级配曲线及定名，计算不均匀系数
		室内渗透试验	获取土样室内渗透试验参数
	常规力学试验	固结快剪试验	获取土层抗剪强度参数
		快剪试验	获取土层的不排水抗剪强度
		固结试验	获取土的压缩性指标
	特殊试验	高压固结试验	获取考虑应力历史的固结沉降计算参数，判定软土的固结历史
		三轴不固结不排水(UU)试验	获取黏性土的不排水强度
		三轴固结不排水(CU)试验	获取黏性土的总应力强度参数与有效应力强度参数
		三轴固结排水(CD)试验	获取黏性土的有效应力强度参数
		无侧限抗压强度试验	获取黏性土、粉土在无侧限压力条件下抵抗垂直压力的极限强度和不排水强度
		岩石的弹性模量和泊松比	测定岩石在弹性变形阶段其应力与应变变化值之比
		岩石的单轴抗压强度(饱和、干燥)	获取岩石的单轴抗压强度参数
		水腐蚀性试验	获取 pH、Ca^{2+}、Mg^{2+}、Cl^-、SO_4^{2-}、HCO_3^-、CO_3^{2-}，侵蚀性 CO_2、游离 CO_2 等参数
		土层易溶盐试验	全盐量、碳酸根、重碳酸根、硫酸根、氯离子、钙、镁、钾、钠等含量
		有机质试验	测定软土及淤泥质土中有机质含量，分析其对水泥搅拌桩的影响
物探	波速试验		划分建筑场地类别，计算确定土的动力参数，判断碎石土层密度，为承载力、变形参数综合评价提供依据
水文地质试验	现场抽水试验		提供含水岩组的渗透系数

第二节　自然地理与气象水文

一、自然地理

庆元县全境山岭连绵，群峰起伏，地势自东北向西南倾斜。主峰百山祖，海拔 1 856.7 m，为浙江省第二高峰。西南部和中部，是仙霞岭枫岭余脉，山间盆地相对高度海拔 330 ~ 600 m。这一地区分布有较多河谷，地势平缓，土质肥沃，灌溉方便，地层主要由晚侏罗系火山岩组成。

二、气象

庆元县属亚热带季风区，气候温暖湿润，四季分明，年平均气温 17.4 ℃，降水量 1 760 mm，无霜期 245 d。总的特点是冬无严寒，夏无酷暑。就局部而言，东、北部气温较西南部和中部低，无霜期短，昼夜温差大。

三、水文

庆元县境内河流有松源溪、安溪、竹口溪、南阳溪、左溪、西溪、八炉溪 7 条，除竹口溪外，均以洞宫山脉为分水岭，向东北流入瓯江，向西南流入闽江，向东南流入交溪（福安江），故有"水流两省达三江"之说。

第三节　区域地质与地震

一、区域地质

依据《浙江省地质构造图》，本区地质构造单元属华南褶皱系（Ⅰ₂）浙东南褶皱带（Ⅱ₃）丽水—宁波隆起（Ⅲ₇）西南部的龙泉—遂昌断隆单元（Ⅳ₁₀）。基底褶皱强烈，分布在断裂包围的隆起区。断裂构造发育，按断裂走向主要有四组，相互交切成网状。其中，NNE 向断裂规模最大，集中于东南缘；其次为 NE 向断裂，断裂带宽 10 余 km，长 100 km 左右，并延伸入福建省。NW 向和 EW 向断裂分布比较零散。如图 1-3-1 所示为区域构造示意图。工程区附近及外围大断裂分述如下。

（一）丽水—余姚深断裂（④）

该断裂是浙江东南规模最大的断裂构造，南延福建，北经嵊县过余姚，入杭州湾。总体走向约 N30°E，省内长达 350 km。地表为一系列北东、北北东向大致平行或斜列的仰冲断裂，组成宽达 15 ~ 40 km 的断裂带。断裂带内岩石遭受动力变质作用，出现强烈的片理化及千枚岩化，宽达 3 km 左右，缙云附近还见有喜马拉雅期的超基性岩，呈挤压破碎现象，表明该断裂在喜山期尚在继续活动，在早白垩世末活动最为剧烈。该断裂在庆元一带穿过工程场区。

（二）泰顺—黄岩大断裂（①）

该断裂位于浙江东南沿海，呈北东向展布，由泰顺往北经永嘉、黄岩直达三门湾，省内

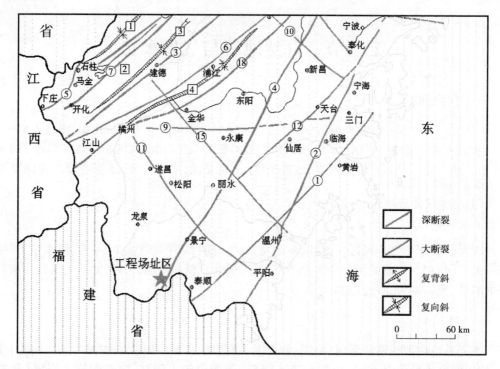

注:图中数字表示断裂和褶皱构造,其中圆圈表示断裂,方框表示褶皱。

图 1-3-1　区域构造示意图

长约 260 km。地表为断续出露的北东向断裂,单条断层一般长达 20~30 km。断裂发育在上侏罗统和白垩系中,燕山晚期活动较为剧烈。该断裂距场区约 30 km。

(三)松阳—平阳大断裂(②)

该断裂西起衢州之北,被江山—绍兴深断裂截切后,又经松阳、平阳延入东海海域,长约 200 km。走向约 N40°W,断面倾向不定,倾角 60°~85°。该断裂形成于燕山中晚期,白垩纪后期活动较为强烈。该断裂距场区约 65 km。

二、地震

本区域构造活动相对稳定,为缓慢的长期隆起剥蚀区。历史地震活动频度低、强度弱,未发生破坏性地震。

第四节　场址工程地质条件

一、地形地貌

本工程场址区位于庆元县南部江根乡双苗尖一带山脊上,地貌单元属中山,地势自西南向东北倾斜。拟建风机布置于场区东西两侧,其中 1~8#、原 27# 风机布置于场区东侧菖蒲圩一带,机位附近高程 1 462~1 546 m,最高点位于 7# 风机所在山顶处,最低点位于 4# 风机处;9#~21# 风机布置于场区西侧上洋湖一带,机位附近高程 1 300~1 426 m,最高点位于 11# 风机所在山顶处,最低点位于 19# 风机处。场址区内山岭连绵、沟壑纵横,沟谷狭窄深切,多表现为峡谷,谷坡陡峻,坡度多在 30° 以上,悬崖峭壁屡见。场址区内植被茂盛、杂草丛生,以松柏、竹、低矮灌木为主。山脊处覆盖层较薄,一般为 0.2 ~ 0.6 m;地势低洼或沟谷处覆盖层较厚,一般为 0.6 ~ 1.50 m。场区内个别风机位处(20# 风机)基岩裸露,为侏罗系上统西山头组流纹质玻屑熔结凝灰岩,中风化为主;部分机位处孤石(4# 风机、8# 风机等)散布,孤石直径 5 ~ 10 m。

二、地基土的构成与特征

根据坑探、现场地质测绘并结合区域地质资料,区内出露的地层主要为侏罗系上统高坞组(J_3g)流纹质玻屑熔结凝灰岩、西山头组(J_3x)流纹质玻屑熔结凝灰岩以及上覆的第四系残坡积层(Q^{el+dl})。现分述如下:

(1)①层粉质黏土夹碎块石(Q^{el+dl}):第四系残坡积成因,黄褐色为主,表层多见黑色耕植土,富含植物根茎,一般夹少量碎块石,块石含量 10% ~ 30%,块径 5 ~ 30 cm 不等,局部为粉质黏土。该层在山脊位置处厚度较薄,一般为 0.20 ~ 0.60 m;地势低洼处或山脊鞍部该层较厚,一般为 0.6 ~ 1.50 m。

(2)②层侏罗系上统西山头组(J_3x):为一套岩性复杂的火山沉积岩,主要由酸性火山碎屑岩组成,间夹沉积岩,部分地区夹少量中、酸性熔岩。主要为浅灰绿色流纹质玻屑熔结凝灰岩,夹层凝灰岩、紫红色凝灰质砂岩、粉砂岩,局部地区红色沉积岩较为发育。根据风化程度分为② - 2 层强风化流纹质玻屑熔结凝灰岩和② - 3 层中风化流纹质玻屑熔结凝灰岩。

② - 2 层强风化流纹质玻屑熔结凝灰岩:灰黄、青灰色,局部紫红色,岩体节理裂隙发育,岩体较破碎,呈碎块状,块径一般为 15 ~ 30 cm,最大可见 60 cm,敲击易碎,锤击声哑,层厚 0.50 ~ 1.50 m。

② - 3 层中风化流纹质玻屑熔结凝灰岩:灰、灰白色,整体块状结构,节理裂隙较发育,岩体切割成大块状,岩质较坚硬,铁镐难以挖掘。

(3)③层侏罗系上统高坞组(J_3g):由中酸性、酸性火山碎屑岩组成,沉积夹层少,是一套岩性单一的厚层至块状火山岩系。主要为黄褐、灰紫色流纹质玻屑熔结凝灰岩,底部偶夹英安质熔结凝灰岩或凝灰岩,局部相变为安山岩、安山质凝灰岩或集块岩。根据风化程度分为③ - 1 层全风化流纹质玻屑熔结凝灰岩、③ - 2 层强风化流纹质玻屑熔结凝灰岩和③ - 3 层中风化流纹质玻屑熔结凝灰岩。

③ - 1 层全风化流纹质玻屑熔结凝灰岩:灰白色,上部风化呈土状,土性为松散至稍密的砾砂,下部岩体较破碎,呈碎块状、块状,层厚 0.30 ~ 1.50 m。

③ - 2 层强风化流纹质玻屑熔结凝灰岩:灰黄、紫红色,局部可见岩块表面有铁锰质渲染,岩体节理裂隙发育,岩体破碎呈块状、片状,块径一般为 10 ~ 30 cm,最大可见 50 cm,厚 0.50 ~ 1.50 m。

③ - 3 层中风化流纹质玻屑熔结凝灰岩:灰白、青灰色,整体块状结构,节理裂隙较发育,岩体切割成大块状,岩质较坚硬,用镐难挖掘。

场区典型探坑照片见图 1-3-2。

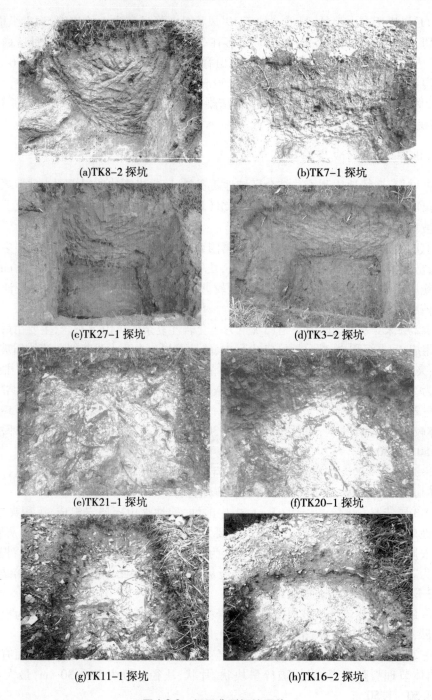

(a)TK8-2 探坑　　　　　　　　(b)TK7-1 探坑

(c)TK27-1 探坑　　　　　　　　(d)TK3-2 探坑

(e)TK21-1 探坑　　　　　　　　(f)TK20-1 探坑

(g)TK11-1 探坑　　　　　　　　(h)TK16-2 探坑

图 1-3-2　场区典型探坑照片

三、地基土、岩物理力学性质指标

(一)地基土物理力学性质指标

各土层物理力学性质指标,按照《岩土工程勘察规范》(GB 50021—2001)(2009 年版)进行统计,统计时剔除了个别异常值,统计结果汇总于表 1-3-2 中,并作如下说明:

表 1-3-2　地基土物理力学性质指标数理统计成果表

（注：塑限/塑性指数栏标注 76 g）

地层编号	地层名称	统计项目	含水量 w_0 /%	湿密度 ρ /(g/cm³)	干密度 ρ_d /(g/cm³)	土粒比重 G_s	孔隙比 e	饱和度 S_r /%	液限 w_L /%	塑限 w_P /%	塑性指数 I_P	液性指数 I_L	e_{i0} (0)	e_{i1} (50)	e_{i2} (100)	e_{i3} (200)	e_{i4} (400)	e_{i5} (600)	压缩系数 a_{v1-2} /MPa⁻¹	压缩模量 E_{s1-2} /MPa	凝聚力 c /kPa	摩擦角 φ /°
①	粉质黏土夹碎块石	平均值	41.7	1.73	1.23	2.74	1.260	91.5	55.6	36.2	19.3	0.28	1.260	1.209	1.167	1.104	1.021	0.961	0.56	4.11	54.1	16.2
		最大值	53.3	1.95	1.51	2.75	1.615	99.7	67.6	46.6	23.1	0.43	1.615	1.556	1.496	1.393	1.243	1.147	0.73	5.80	72.0	18.0
		最小值	29.3	1.61	1.05	2.72	0.802	80.9	40.7	27.7	13.0	0.13	0.802	0.784	0.762	0.731	0.684	0.651	0.31	2.98	38.0	14.8
		变异系数	0.17	0.07	0.11	0.00	0.19	0.07	0.16	0.16	0.19	0.37							0.24	0.23	0.25	0.07
		标准值																			44.2	15.3
		统计个数	7	7	7	7	7	7	7	7	7	7	7	7	7	7	7	7	6	6	7	7

（1）表中 c、φ 值为天然含水状态下固结快剪峰值抗剪强度参数。

（2）表中压缩试验指标和抗剪强度参数为不含碎石的粉质黏土试验值。

（二）岩石物理力学性质指标

本次勘察共取 4 组岩样进行室内点荷载试验，取 2 组岩样进行室内抗压试验，岩样编号、岩样名称、岩样风化程度及岩石试验统计成果见表 1-3-3。

表 1-3-3　室内岩石试验成果汇总表

岩样编号	D_1	D_2	D_3	D_4	Y_1	
岩样名称	流纹质玻屑熔结凝灰岩（J_3g）				流纹质玻屑熔结凝灰岩（J_3x）	
岩样风化程度	全风化	强风化	中风化	全风化	中风化	
力学性能指标	点荷载强度指数均值/单轴饱和抗压强度（MPa）				单轴抗压强度（MPa）	
					天然	饱和
	0.165/5.9	2.595/46.7	5.585/82.9	0.050/2.4	84.6	76.5
软化系数 k_R					0.90	

注：1. 试验执行标准《工程岩体试验方法标准》（GB/T 50266—2013）；

　　2. 点荷载强度指数和饱和抗压强度换算采用《工程岩体分级标准》（GB 50218—94）中公式进行换算。

由表 1-3-3 可见，中风化流纹质玻屑熔结凝灰岩（J_3x）单轴饱和抗压强度实测值为 76.5 MPa，属坚硬岩，软化系数（k_R）为 0.90，属不软化岩石。场区内岩石节理较发育，岩石完整程度属于较破碎，根据国标《岩土工程勘察规范》（GB 50021—2001）（2009 年版）判断，岩体基本质量等级以Ⅳ级为主，局部中风化区域为Ⅲ级。

四、地质构造

（一）断层

根据《1/20 万泰顺幅区域地质调查报告》，工程区有三条断层 F_1、F_2、F_3 发育，形成于晚侏罗世火山岩喷发期，在早白垩世前停止活动。分述如下：

（1）F_1：走向 N35°E，倾 NW，自景宁向西南延伸至江根乡一带，在大史被一东西走向的断裂切割。该断裂为一冲断裂，挤压破碎强烈，有次一级的北东、北西两组节理发育。距离场区内 3#、4# 风机布设所在山脊约 1.2 km。

（2）F_2：与 F_1 平行，走向 N30°E，倾 NW，自竹坪一带向西南延伸入福建，该断层穿越场区碌角岗与上洋湖林场中央一带，为一冲断裂，挤压破碎强烈，有次一级的北东、北西两组节理发育。距离场区内 7#、8# 风机布设所在山脊约 1.4 km。

（3）F_3：走向 N45°W，倾 SW，自岱根一带向东南延伸至工程场区内，被 F_2 截切于菖仔坑一带，在青竹一带有花岗岩的侵入，挤压破碎强烈，节理裂隙发育。距离场区内 7#、8# 风机布设所在山脊约 1.5 km。

（二）节理

根据道路开挖边坡坡面岩体节理裂隙发育情况，场区内基岩节理裂隙发育，且相互切

割岩体成块状,如图 1-3-3 所示。根据野外地质测绘,将道路开挖边坡坡面岩体的节理裂隙按优势节理面发育程度排序如下:

(1)N25°~35°W,NE∠85°,面平直,光滑,延伸长。

(2)N65°E,SE∠75°,面平直,光滑,延伸长,平行发育多条,间距5~10 cm。

(3)N65°E,NW∠80°,面平直,光滑,延伸长,间隔20~30 cm。

(a)典型照片1　　　　　　　　　　　　　(b)典型照片2

图 1-3-3　道路开挖坡面岩体节理裂隙典型照片

根据本次勘察得到的基岩节理裂隙情况分析,场区内基岩节理裂隙倾角一般较陡,为75°~85°,主导走向为第 1 组 NW 向。

五、水文地质与环境水腐蚀性

(一)水文地质

拟建风机均布置于山脊顶部高程较高处,无地表水,沿山脊两侧冲沟较发育,冲沟地表水受大气降水影响较大,雨天时水量大,干旱时水量小或无水。冲沟内地表水对本工程一般无影响。

地下水的赋存,主要受大气降水、构造和地形地貌条件的影响。根据地下水赋存条件,工程区内地下水可分为孔隙性潜水和基岩裂隙潜水两类。

(1)孔隙性潜水:赋存于山体第四系覆盖层内,埋藏深浅不一,受大气降水影响较大,水量较小,主要接受大气降水补给,部分补给下部基岩裂隙。本次勘察未见孔隙性潜水出露。

(2)基岩裂隙潜水:该含水层分布较广,其透水性一般随深度增加而减弱。根据场区地形地貌特征及地下水补给、排泄条件,拟建风机位置处,高程较高,地下水埋藏较深,埋深一般大于 5 m。

综上所述,环境水对本工程影响较小。对本工程有影响的主要是雨季时短时强降水形成的地表径流。

(二)环境水的腐蚀性

本次勘察在 6# 风机、19# 风机附近取 2 组地表水样(对应水样编号为 1~2)进行水质简要分析试验,以评价场区环境水的腐蚀性。水质简要分析试验成果见附件“水质分析检验报告"。

根据《岩土工程勘察规范》(GB 50021—2001)(2009 年版)(下文可简称为《规范》)的有关规定,从气候条件、土层特性以及干湿交替情况等因素综合分析,本工程场地类型按环境类型(Ⅱ类)、地层渗透性(A类)考虑,环境水对混凝土结构、钢筋混凝土结构中钢筋腐蚀性的评价结果见表 1-3-4。

表 1-3-4　环境水对混凝土结构、钢筋混凝土结构中钢筋腐蚀性的评价

《规范》腐蚀性规定	环境水对混凝土结构的腐蚀性评价					环境水对钢筋混凝土结构中钢筋的腐蚀性评价(干湿交替/长期浸水)
	按环境类型(Ⅱ类)			按地层渗透性(A类)		
	SO_4^{2-} (mg/L)	Mg^{2+} (mg/L)	总矿化度	pH	侵蚀性 CO_2 (mg/L)	Cl^- (mg/L)
微腐蚀性	<300	<2 000	<20 000	>6.5	<15	<100/ <10 000
弱腐蚀性	300~1 500	2 000~3 000	20 000~50 000	6.5~5.0	15~30	100~500/ 10 000~20 000
中等腐蚀性	1 500~3 000	3 000~4 000	50 000~60 000	5.0~4.0	30~60	500~5 000/—
强腐蚀性	>3 000	>4 000	>60 000	<4.0	>60	>5 000/—
水样 1	16.08	0.49	41.9	5.75	11.09	5.67
水样 2	26.80	0.73	57.1	5.15	14.78	2.84
腐蚀性评价	微	微	微	弱	微	微/微

由表 1-3-4 可知,拟建场区内的环境水对混凝土结构具弱腐蚀性;在干湿交替条件下,环境水对混凝土结构中的钢筋具微腐蚀性;在长期浸水条件下,环境水对钢筋混凝土结构中的钢筋具微腐蚀性。

六、场地和地基的地震效应

(一)场地抗震设计基本条件

根据本次勘察成果,本工程地基土上部为粉质黏土夹碎块石,下部为流纹质玻屑熔结凝灰岩,场地土的类型属中硬土,场地覆盖层厚度小于 5 m,参照《建筑抗震设计规范》(附条文说明)(2016 年版)(GB 50011—2010),根据《中国地震动参数区划图》(GB 18306—2015),I_1 类场地地震动峰值加速度调整系数为 0.80,故本场区地震动峰值加速度为 0.04g,判定建筑场地类别为 I_1 类。本工程设计地震分组为第一组,设计特征周期为 0.25 s。

(二)饱和粉土、砂土液化判别

本场地地层由覆盖层及下覆基岩构成,覆盖层中不存在粉土、砂土,即本场地不存在

可液化土层。

（三）抗震地段划分

场址区域构造稳定性好,覆盖层厚度一般小于 5 m,拟建风机以强风化、中风化基岩为天然地基持力层,属建筑抗震有利地段。

七、不良地质作用和地质灾害

根据收集到的区域地质资料及现场地质测绘,场区地质构造局部发育:断层 F_1、F_2、F_3 穿越场区;局部道路开挖边坡坡面岩体受不利结构面切割形成危岩和坍塌;局部覆盖层较厚地段受边坡开挖及雨水冲刷作用产生冲蚀现象,可能存在局部滑坡风险;$4^{\#}$ 及 $8^{\#}$ 风机处地表存在孤石,覆盖层中存在巨块石。勘察期间,未发现较大规模的滑坡、泥石流等其他不良地质现象和地质灾害。图 1-3-4 为场区不良地质作用和地质灾害典型照片。

(a) 崩塌　　　　　　　　　　　　　　(b) 危岩

(c) 冲刷冲蚀现象　　　　　　　　　(d)$8^{\#}$ 风机处孤石

图 1-3-4　场区不良地质作用和地质灾害典型照片

（一）危岩和崩塌

根据收集到的相关节理裂隙资料,工程区节理裂隙主要以陡倾角为主,边坡开挖后容易相互切割,将坡面岩体切割成块状,局部形成不利的楔形体,形成危岩裸露于坡面,有发生崩塌、掉块的隐患,局部开挖道路坡脚有坡面崩落的松散岩块堆积,需要进行清除。建议在风机基础开挖后对道路两侧边坡进行安全隐患排查与治理。

（二）滑坡

场区内局部山体坡度较陡，在长期雨水或短时暴雨影响下有可能发生失稳而形成滑坡。部分风机部位，由于地形高差变化大，基础开挖后形成的人工边坡及局部在覆盖层较厚地段，在雨水作用下可能产生局部滑塌或冲刷冲蚀现象，建议永久边坡采取必要的支护及排水措施。

（三）孤石和巨块石

根据现场地质测绘，4#及8#风机处地表存在孤石，覆盖层下存在巨块石，建议风机基础在施工中予以清除，保证风机基础落于连续的基岩之上。

第五节　场址工程地质条件分析与评价

一、场地稳定性和适宜性评价

根据本地区地质构造背景和拟建场地的工程地质条件，场区区域构造稳定好，有3条非活动小断层通过，局部有崩塌、冲蚀、孤石等不良地质作用发育，场地属建筑抗震有利地段，根据《城乡规划工程地质勘察规范》（CJJ 57—2012）判定，场地属基本稳定场地，根据该规范判定属工程建设较适宜场地，经工程处理后可进行工程建设。

二、天然地基条件分析评价

（1）①层粉质黏土夹碎块石：工程性能一般，地基承载力特征值可取 125 kPa，由于该层埋藏较浅，不宜作为风机基础的天然地基持力层。

（2）③-1层全风化流纹质玻屑熔结凝灰岩：上部风化呈土状，下部岩体较破碎，工程性能一般，地基土承载力特征值可取 180 kPa，该层厚度较薄，不宜作为风机基础的天然地基持力层。

（3）②-2、③-2层强风化流纹质玻屑熔结凝灰岩：岩体风化呈块状，岩质较硬，工程性能良好，地基土承载力特征值可取 400 kPa，是风机基础较好的天然地基持力层。

（4）②-3、③-3层中风化流纹质玻屑熔结凝灰岩：岩体节理裂隙发育，呈块状，岩体致密坚硬。地基土承载力特征值可取 3 000 kPa，是风机基础优良的天然地基持力层。

根据本工程建筑物特征及地基（岩）土层的分布及工程地质性能，场地地基条件较好，建议风机基础采用天然地基扩展基础。拟建风机可以②-2、③-2层强风化流纹质玻屑熔结凝灰岩，②-3、③-3层中风化流纹质玻屑熔结凝灰岩作为天然地基基础持力层，风机基础有一定的埋置深度，以基础自重和土的侧限来抵抗水平风荷载。

根据设计提供的资料，拟建风机基础埋深约为3.8 m，一般已进入中风化流纹质熔结凝灰岩，根据类似工程经验，风镐挖掘难度极大，可采用爆破开挖。

根据室内土工试验和现场原位测试成果，并结合本地区经验，提出各土层天然地基设计参数建议值，见表1-3-5。

表1-3-5　天然地基设计参数建议值

土层代号	土层名称	重度（kN/m³）	直剪固结快剪（峰值）		压缩模量（MPa）	地基承载力特征值（kPa）	临时开挖坡比（坡高 >2 m）
			凝聚力（kPa）	内摩擦角（°）			
		γ	c	φ	$E_{S(1\sim2)}$	f_a	
①	粉质黏土夹碎块石	17.5	40	18	5.0	125	1:1.0~1:1.25
③-1	全风化流纹质玻屑熔结凝灰岩	18.5	3	24	6.5	180	1:1.0~1:1.25
②-2、③-2	强风化流纹质玻屑熔结凝灰岩	22.5	5	35	(20.0)	400	1:0.75~1:1.0
②-3、③-3	中风化流纹质玻屑熔结凝灰岩	25.5			近似不可压缩	3 000	1:0.50~1:0.75

注：1. c、φ 值为直剪、固结快剪峰值强度指标；

　　2. ( )内数字为岩石变形模量，单位为GPa。

三、边坡条件分析评价

拟建风机布置于山脊处，局部地形高差变化大，公路和风机基础开挖后，局部形成的人工边坡，建议采用自然放坡处理，临时放坡坡比可采用：覆盖层为 1:1.0~1:1.25、全风化层为 1:1.0~1:1.25、强风化层为 1:0.75~1:1.0、中风化层为 1:0.50~1:0.75。在局部覆盖层较厚地段，雨水作用下产生冲刷(蚀)现象，可能对工程边坡产生不利影响，建议长期边坡采取必要的挡墙支护及排水措施。

第六节　结论与建议

一、结论

（1）本次勘察在收集区域地质资料的基础上，采用坑探、地质测绘、场地电阻率测试及室内岩(土)、水试验等多种勘察手段，勘察深度及精度能够满足本阶段要求。

（2）根据《中国地震动参数区划图》(GB 18306—2015)，本区地震动峰值加速度为 $0.04g$，相当于地震基本烈度Ⅵ度，建筑场地类别为 I_1 类，设计地震分组为第一组，设计特征周期为 0.25 s。

（3）本场地属建筑抗震有利地段，根据《城乡规划工程地质勘察规范》(CJJ 57—2012)，本场地属基本稳定场地，根据该规范判定属工程建设较适宜场地，经工程处理后可进行工程建设。

（4）本场地地层不存在粉土、砂土，无可液化土层。

（5）本场地环境水对混凝土结构具弱腐蚀性；在干湿交替条件下，环境水对钢筋混凝土结构中的钢筋具微腐蚀性;在长期浸水条件下,环境水对钢筋混凝土结构中钢筋具微腐蚀性。场地环境土对混凝土结构具微腐蚀性,对钢筋混凝土结构中的钢筋具微腐蚀性,对钢结构具微腐蚀性。设计可根据工程对耐久性的要求采取相应的防腐蚀措施。

(6)根据本工程建筑物特征及地基岩土层的分布及工程地质性能,场地地基条件较好,建议风机基础采用天然地基,可以将安山岩及花岗岩作为天然地基基础持力层。基础需有一定的埋深,以基础自重和土的侧限来抵抗较大的水平风荷载,并应进行地基承载力、边坡整体稳定性、抗滑移和抗倾覆验算,最终确定基础埋深。

二、建议

(1)公路和风机基础开挖后,建议采用自然放坡处理,放坡坡比可采用:覆盖层为1:1.0 ~ 1:1.25、全风化层为1:1.0 ~ 1:1.25、强风化层为1:0.75 ~ 1:1.0、中风化层为1:0.50 ~ 1:0.75。对长期边坡采取必要的挡墙支护及排水措施。

(2)工程所需混凝土骨料可利用场区附近石料进行人工轧制或外购,细骨料可到工程场地附近购买。

(3)风机基础和塔筒设计需考虑当地强台风的影响。

附 件

水质分析
检验报告

（××省工程物探勘察院）

送样单位:××××

工程名称:×风电场　　　　　　　　　　　　样品名称:水样

工程编号:××××　　　取样深度:　m　　　样品编号:××××

钻孔号:钻孔×　　　　样品描述:无色、透明　　送样日期:2014.11.18

检验依据:地下水质检验方法　总则(DZ/T 0064.1—1993)　报告日期:2014.11.21

项目		mg/L	mmol/L	项目		mg/L	mmol/L
阳离子	Na^+（及 K^+）	11.50	0.50	阴离子	HCO_3^-	29.29	0.48
					CO_3^{2-}	0	0
	Ca^{2+}	5.00	0.12		OH^-	0	0
	Mg^{2+}	1.92	0.08		SO_4^{2-}	9.05	0.09
	Fe^{2+}				Cl^-	8.39	0.24
	Fe^{3+}				NO_3^-		
	NH_4^+	0.21	0.01		NO_2^-		
	合计				合计		
游离 CO_2		35.75		悬浮性固体			
侵蚀 CO_2		17.56		总矿化度		51	
硬度	总硬度	20.02	0.20	可溶性 SiO_2			
	暂时硬度			电导率(μs/cm)			
	总碱度		0.48	pH		4.98	

说明:(1)报告无"检查报告专用章"无效;

　　　(2)报告涂改及无检测(试验、分析)、审核、批准人签字无效;

　　　(3)报告未经书面批准或完整复制,未重新加盖"检查报告专用章"无效;

　　　(4)本报告仅对来样负责。

第二篇 工程地质与土力学技能考核实施方案及土工测试实训报告

第一章 技能考核实施方案

项目一 常见地质问题、土工问题认识

一、考核标准

常见地质问题、土工问题认识考核标准如表 2-1-1 所列。

表 2-1-1 常见地质问题、土工问题认识考核标准

项目一		浅谈对地质问题、土工问题的认识
考核内容		案例分析论文一篇
考核要点（知识、技能、态度）	知识	(1)掌握地质条件、地质问题、地基、基础等基本概念； (2)了解常见土工问题、地质问题及其危害； (3)了解本课程的特点与学科发展情况
	技能	能够识别土和土工问题，初步了解工程论文的格式
	态度	(1)培养刻苦学习、勤于研究的精神； (2)培养"干一行，爱一行"的敬业精神
教学情景或教学设计		利用多媒体教学展示水利及其他建筑工程中常见的地质问题、土工问题，引入对本课程学习的了解
考核方式		学生通过网络、图书馆等资源寻找一个地质问题、土工问题的案例作为作业（或让学生上网查询上海楼房倒塌的原因），由任课教师给论文打分

二、考核内容及方式

（一）考核方式

论文一篇。

（二）设计题目

浅谈对地质问题、土工问题的认识。

（三）论文参考提纲

（1）总结现实工程建设中常见的工程地质问题；

（2）列举具体案例，分析工程失事原因，阐述工程地质工作的重要性，明确工程地质的学习任务；

（3）总结现实工程建设中常见的土工问题；

（4）列举具体案例，分析工程失事原因，阐述土力学的重要性，明确土力学的学习目标。

（四）实施方法

学生提交论文，教师打分，按权重值计算该项目总评成绩。

项目二　地质认知能力模块

一、考核标准

项目二	地质认知能力模块	
考核内容	岩矿鉴定实训报告	
考核要点（知识、技能、态度）	知识	（1）理解矿物物理特性的含义； （2）理解岩石结构、构造、成分等基本概念； （3）掌握岩石定名的方法
	技能	能识别常见造岩矿物及三大类岩石，知道常见岩石的工程性质
	态度	（1）培养刻苦学习，勤于研究的精神； （2）培养"干一行，爱一行"的敬业精神
教学情景或教学设计	第三章某风电场工程地质勘察报告及矿物和岩石试验标本，对照造岩矿物及岩石鉴定表，加深对各种矿物和岩石特征的认识	
考核方式	学生参照实训指导书，识别矿物及岩石标本，综合观察，完成试验报告。并根据地质勘察报告，了解常见岩石工程性质。 　由任课教师给论文打分	

二、考核内容及方式

（一）考核方式

结合第一篇第三章某风电场工程地质勘察报告及矿物和岩石试验标本，对照造岩矿物及岩石鉴定表，加深对各种矿物和岩石特征的认识，完成下述问题及试验报告。

（二）试验方法

（1）由学生参照实训指导书，对照教材内容，自行按教学大纲要求、矿物及岩石标本综合观察，完成试验报告；

（2）结合工程地质勘察报告，查阅资料，评述工程区出露的岩石及土体的工程性质；

（3）选定外观相似，但成因不同的岩石标本（如花岗岩与片麻岩、石英砂岩与石英岩、砾岩与斑岩等）做典型深入的分析、对比。

（三）实施方法

学生提交试验报告，任课教师打分，按权重值计算该项目总评成绩。

试验一　造岩矿物的识别

一、问答

1.组成地壳的造岩元素有哪些？

2.矿物和岩石有什么关系？什么是矿物？什么是造岩矿物？

3.矿物的识别依据是什么？在鉴定矿物的主要依据中,你不太熟知的有哪些？

4.查阅资料,试分析下列矿物的主要工程性质,并说明是如何区分的？
(1)石英与方解石

(2)石膏与石英

(3)黑云母与绿泥石

(4)正长石与斜长石

（5）高岭石

（6）黄铁矿

二、对照矿物标本，完成下列试验报告

矿物名称	颜色	光泽	是否解理或断口	硬度	其他
石英					
正长石					
斜长石					
白云母					
角闪石					
方解石					
石膏					
滑石					
高岭土					

试验二　三大类岩石的识别

一、问答

1. 预习岩浆岩的分类、产状，哪种产状最稳定？

2. 预习沉积岩常见的结构有哪几种? 泥质结构的特征是什么?

3. 参照某风电场地质勘察报告中"地基土的构成与特征"部分内容,试述该场地有哪几种岩石,并将其归类。

4. 查阅资料,阐述花岗岩、玄武岩、凝灰岩、砂岩、泥岩、页岩、石灰岩的主要工程特性。

二、对照岩石标本,完成下列试验报告

岩石名称	产出状态	结构、构造特征	主要工程地质性质
花岗岩			
流纹岩			
玄武岩			

岩石名称	结构特征	主要成分	主要工程地质性质
石英砂岩			
泥岩			
页岩			
石灰岩			
片岩			
石英岩			

硅质砂岩、钙质砂岩和泥质砂岩的胶结物分别是什么? 哪种胶结类型最稳定? 作为建筑物地基土时,哪种岩石稳定性最好?	
石灰岩地区主要的地质问题是什么?	
黏土岩的分类有哪些? 作为建筑物地基土时,主要地质问题是什么?	

班级_____   姓名_____   学号_____   评阅教师_____   成绩_____

项目三　地质识别、分析与评价能力模块 1

一、问答

1. 试写出地质年代单位和地层年代单位。

2. 试写出地质年代表中"纪"的单位（要求文字和符号）。

3. 常见的地质构造类型有哪些?

4. 岩层产状三要素是什么,用图形表示出来。

5. 结合某风电场地质勘察报告,根据其"场址工程地质条件"一节中的"地质构造部分"的内容,该场址中有无断层通过,什么类型,其产状要素是什么,用文字表述出来。

6. 指出图 2-1-1 所示两种情况下,量测岩层倾向时地质罗盘仪应如何摆放?

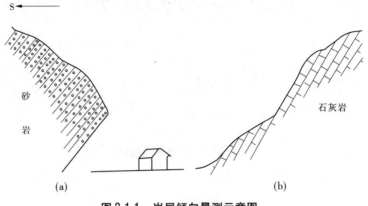

图 2-1-1　岩层倾向量测示意图

7. 用地质罗盘仪测某一倾斜面产状要素,并用方位角法或象限角法将其表述出来。

二、阅读某地区地质图,回答下列问题

1. 依据图例的作用,填充图 2-1-2 中空白图例(将图 2-1-2 中时代、构造、岩性名称填在空白图例中)

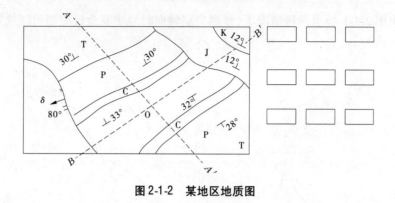

图 2-1-2　某地区地质图

2. 有褶皱构造吗？是什么类型？说明原因，并将其轴线画在图中相应位置。

3. 有断裂构造吗？是什么类型的？描述其产状要素。

4. 如图 2-1-2 中所示平面图是某河段地质平面图，拟在此建造小型水坝，该地区地质构造类型对坝址选择有何影响？如何处理？试谈谈你的看法（假设河流方向为 $A—A'$）。

项目四　地质识别、分析与评价能力模块 2

一、考核标准

地质识别、分析与评价能力考核标准如表 2-1-2 所列。

表 2-1-2　地质识别、分析与评价能力考核标准

项目四		地质图件的识读、应用与绘制
考核内容		水利工程地质图件的分析报告
考核要点 (知识、技能、 态度)	知识	(1)水利工程不同勘察阶段地质图及资料的识读; (2)各种地质条件的识别与评价; (3)岩石、地质构造、外动力地质作用等基本知识
	技能	(1)学会应用工程地质条件进行地质分析与评价的方法; (2)地质图的识读、绘图能力; (3)学会综合分析水利工程地质图件资料的方法和步骤; (4)学会用罗盘测量产状,并进行地质描述; (5)会分析物理地质作用对工程稳定性的影响
	态度	(1)培养"干一行,爱一行"的敬业精神; (2)培养实事求是的学习精神
教学情景或教学设计		结合清水河水库地质资料,通过对坝址、枢纽布置的工程地质条件进行比较,学会综合分析水利工程地质图件资料的方法和步骤
考核方式		任课教师给总结报告打分

二、考核内容与方式

(一)目的与要求

(1)学习综合分析水利工程地质图件资料的方法和步骤;

(2)熟悉水利工程在不同的勘测设计阶段,在坝段、坝址及坝轴线选择方面,常用的地质图及资料,学会应用工程地质条件进行分析及评价的方法,培养正确使用工程地质资料的能力;

(3)按本项目中的提示问题,结合有关图件资料进行自学;

(4)在教师指导下进行课堂讨论;

(5)课外进行总结并写出书面报告。

（二）考核内容（清水河水库坝段、坝址、坝线选择比较概况资料）

清水河干流长 261 km,流域面积 11 850 km²,梅村以上干流长 170 km,多年平均流量为 357 m³/s,河道天然落差 100 m,水库控制流域面积 10 486 km²。工程主要效益为防洪、发电、灌溉和航运。请按照以下提示问题,分组讨论,并出具总结报告一份。

1. 参照图 2-1-3 图例,试指出本地区有哪些地质时代的地层? 其中震旦系及寒武系地层有无重复出现? 这说明在鹰峰以上是什么地质构造?

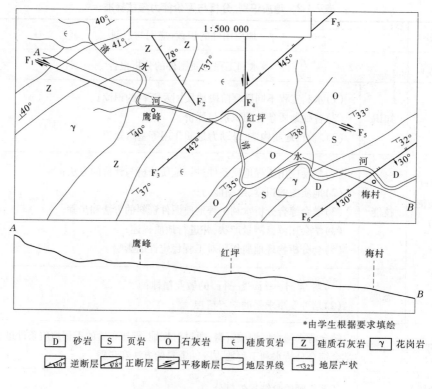

*由学生根据要求填绘

| D 砂岩 | S 页岩 | O 石灰岩 | ∈ 硅质页岩 | Z 硅质石灰岩 | γ 花岗岩 |

逆断层　正断层　平移断层　地层界线　地层产状

图 2-1-3　清水河流域地质构造图

2. 在河流规划或可行性研究阶段,曾比较了多级开发和一级开发方案。根据地形地质条件选择了鹰峰、红坪和梅村三个坝段,如图 2-1-3 所示,各坝段典型河谷地形地质剖面如图 2-1-4 所示,主要的工程地质条件比较如表 2-1-3 所示。参考图 2-1-4 及表 2-1-3,通过地形地貌、地层岩性、地质构造及其他条件的综合比较,你认为哪个坝段为一级开发方案,并说明理由(即哪个坝段为最优坝段)。

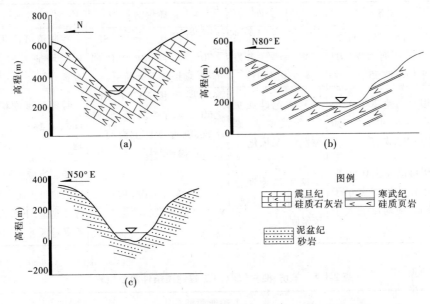

图2-1-4 鹰峰、红坪和梅村坝段典型河谷地形地质剖面图

3.在初步设计阶段,主要在梅村峡谷河段选了两个坝址(羊坊及梅村)进行了工程地质勘测工作。阅读两个坝址的工程地质条件,简要比较表2-1-4,回答下列问题。

(1)从河谷宽度比较,哪个坝址相对较好?

表 2-1-3　鹰峰、红坪、梅村（坝段）主要地质条件比较

坝段	地貌条件	地层岩性	地质构造	其他
鹰峰	相对高差 300 m，坝顶高程处河谷宽 207 m，平均岸坡 55°	震旦纪硅质石灰岩，坚硬，未发现较大溶洞	岩层产状 N35° E，SE，∠70°，与河谷斜交，倾向下游，坝址区无大断层	控制流域面积 5 000 km²，坝址上游无开阔盆地
红坪	相对高差 200 m，坝顶高程处河谷宽 650 m，平均岸坡 35°	寒武纪硅质页岩，经浅变质，裂隙发育，易风化	岩层产状 N32° E，SE，∠60°，与河谷斜交，倾向下游，临近坝址上游有一较大规模逆断层	控制流域面积 8 000 km²，上游有一小型盆地
梅村	相对高差 170 m，坝顶高程处河谷宽小于 400 m，平均岸坡大于 40°	两岸均为泥盆纪砂岩，厚层状，较坚硬	岩层倾向下游，坝址上游有一高角度逆断层	控制流域面积 10 486 km²，坝址上游有宽广的丘陵盆地，下游为平原，距受益区近，便于施工

表 2-1-4　羊坊、梅村（坝址）工程地质条件简要比较

坝址	工程地质特征				
	地貌条件	地层及地质构造条件	水文地质条件	自然地质现象	天然建筑材料
羊坊	谷底高程 30 m，相对高差在 400 m 以上，正常设计水位为 80 m 时，谷宽 480 m，谷坡较陡，河谷中发育有不对称阶地	基岩为泥盆纪黄绿色砂岩，泥质胶结，夹有薄层页岩，处于白龙山向斜的西北翼，产状为 N67°E，SE，∠32°岩层倾向下游，左岸有 F₄ 断层顺河谷方向通过，右岸坝肩处有一滑坡体。岩石风化深度为 15～20 m，冲积洪积层厚度为 10 m	强基岩裂隙水区，且岩层倾向下游，易沿层面渗漏，最大 w 值达 0.7 L/(min·m·m)，$w<0.01$ L/(min·m·m) 的相对隔水层深度在 30～40 m	库内冲沟、崩塌、滑坡较发育，有较多的泥石流和洪积扇，水库淤积问题严重	石炭系石英砂岩及泥盆纪绿色砂岩均可做石料，上游库区有充足的土料，坝址上、下游河谷中骨料储量丰富、质量合格
梅村	谷底高程 20 m，相对高差在 400 m 以上，正常设计水位为 80 m 时，谷宽 260 m，河谷较窄	左岸及河床部分为泥盆纪绿色石英砂岩，硅质胶结，右岸为黄绿色砂岩。右岸上游有花岗岩体。坝址处于孤山背斜的西北翼，产状为 N70°E，NW，∠30°。岩层倾向上游，上游 F₁ 断层横穿河谷，但倾角很陡。岩石风化深度为 10 m，冲积洪积层厚度为 5～10 m	岩层倾向上游，故页岩夹层可起到阻水作用，相对隔水层深度小于 20 m。F₁、F₃ 断层可能产生绕坝渗漏，应进行必要的处理	库内冲沟、崩塌、滑坡较发育，有较多的泥石流和洪积扇，水库淤积问题严重	泥盆纪绿色砂岩可做石料，上游土料很少，下游土料丰富，骨料沿河谷储量丰富、质量合格

（2）羊坊和梅村两个坝址的岩基分别是什么岩石？属于哪类岩石？其胶结方式有何区别？哪个坝址的岩基地质条件相对较好？分别是什么岩石？

（3）根据表2-1-4提供信息，把两个坝址的岩层产状三要素用文字描述出来。

（4）羊坊坝址岩层倾向下游，坝基主要产生哪些方面的工程地质问题？

（5）根据两个坝址的相对隔水层深度，哪个基础处理工程量较大？

（6）综合比较两个坝址的工程地质条件，你认为应选择哪个坝址为最优坝址？

4. 通过勘测及水文地质试验等工作,掌握了三条坝轴线的工程地质资料,见表 2-1-5。通过对三条坝轴线的工程地质条件进行比较,最终确定梅村第一坝轴线为最佳选择。认真阅读相关内容,回答下列问题:

(1)阅读表 2-1-5,试对三条坝轴线的地质条件做出自己的评价。

(2)根据表 2-1-5 中所列资料,你认为哪种岩石性质较好,哪种岩石性质较差?

(3)参阅图 2-1-5 梅村坝址第一坝轴线专门工程地质剖面图中的节理玫瑰图,试指出该坝轴线的主要节理方向有几组? 其与河流的方向关系如何? 哪一组节理对坝基渗漏不利?

(4)结合图 2-1-5 图例,试分析固结灌浆与帷幕灌浆的界限是根据什么确定的?

表 2-1-5　梅村坝址各(坝线)工程地质条件简要比较

坝线	工程地质条件			
	地貌特征	地层及地质构造	水文地质条件	自然地质现象
第一坝轴线	设计水位 80 m 时,谷宽为 260 m,谷坡对称	河床覆盖层厚度为 3~5 m,河岸部分有少量崩积物,厚度小于 5 m,基岩均为泥盆纪砂岩。河床部分及左岸为硅质胶结的石英砂岩,岩性坚硬,风化轻微。右岸为硅质泥质胶结的黄绿色砂岩,风化深度为 6~12 m,岩石一般坚硬、完整,抗压强度在 100 MN/m² 以上。左岸小断层 F_1、F_2、F_3 的影响带内,风化深度在 10 m 左右,断层规模小,破碎带宽仅 10 余 cm,两盘岩石尚完整	由钻孔资料分析,相对隔水层($w < 0.01$ L/(min·m·m))界限深 20 m 左右	岩石弱风化下限深 5~10 m,左岸有少量崩积物
第二坝轴线	设计水位 80 m 时,谷宽为 350 m	河床覆盖层厚度为 10~12 m。基岩为泥盆纪石英砂岩,岩性同上,但裂隙发育,有大裂隙 T_2、T_3、T_1 等,对岩体完整性影响较大	相对隔水层($w < 0.01$ L/(min·m·m))界限深 20~30 m	岩石弱风化下限深 10~15 m
第三坝轴线	设计水位 80 m 时,谷宽为 310 m	河床覆盖层厚度为 10~12 m。基岩为泥盆纪黄绿色砂岩夹页岩,页岩层摩擦系数小,变形模量小,对坝体稳定不利。右岸有 S_1 破碎带通过,破碎带内岩石风化很剧烈	相对隔水层($w < 0.01$ L/(min·m·m))界限深 30~40 m	岩石弱风化下限深 10~20 m

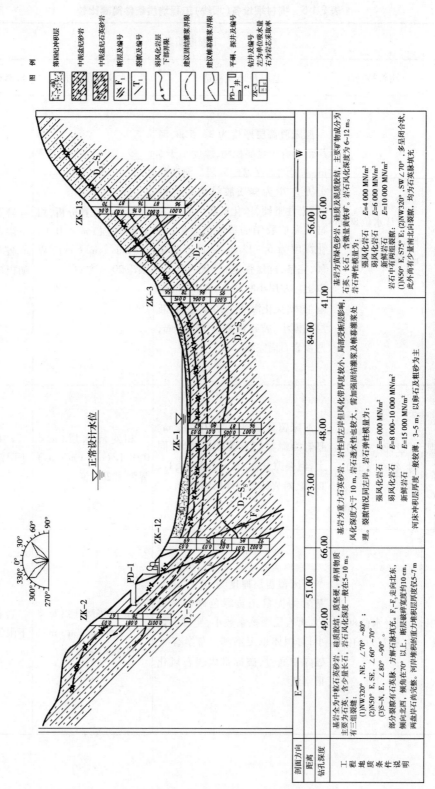

图 2-1-5　梅村坝址第一坝轴线专门工程地质剖面图

（三）根据某区潜水等水位线图（见图2-1-6），试回答下列问题。

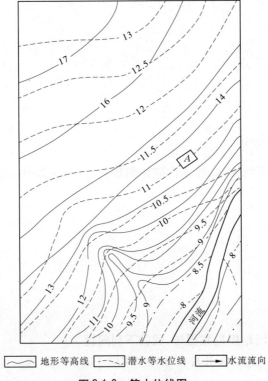

图 2-1-6　等水位线图

1. 用箭头在图上标出潜水的流向。

2. 图中地下水与河流的补排关系如何？

3. 试确定泉水可能出露的位置(至少两点)。

4. 若在 A 处进行基坑排水,排水沟应如何布置为好,在图中标示出来。

(四)结合某风电场地质勘察报告,回答下列问题。

1. 风化作用的类型包括哪几种? 冰劈作用属于哪类? 石灰岩地区的渗漏属于哪种风化作用?

2. 风化作用的分带依据有哪些,《水利水电工程地质勘察规范》(GB 50487—2008)中将风化带分为哪几个带?

3. 某风电场场址区地基岩土出现哪些类型的风化带?

4. 查阅资料,试述全风化花岗岩与中风化花岗岩的区别。

5. 查阅资料,微风化安山岩属于几类土(岩石),坚实系数为多少?

6. 根据水质分析检验报告的水质分析结果,该区地下水的主要离子成分有哪些? 对混凝土构件的腐蚀性强弱如何?

7. 根据某风电场项目工程地质勘察报告第四节"场址工程地质条件"中"水文地质与环境水腐蚀性"部分,该区的地下水是什么类型? 总结其特征是什么?

班级＿＿＿＿　　姓名＿＿＿＿　　学号＿＿＿＿　　评阅教师＿＿＿＿　　成绩＿＿＿＿

项目五　地质识图绘图能力模块

一、考核标准

地质识图绘图能力考核标准如表 2-1-6 所示。

表 2-1-6　地质识图绘图能力考核标准

项目五		地质识图绘图能力
考核内容		钻孔地质剖面图一张
考核要点 （知识、技能、态度）	知识	（1）地质平面图的识读； （2）钻孔柱状图、钻孔平面位置图的识读； （3）地质剖面图的绘制方法
	技能	（1）具有工程的读图绘图能力； （2）具有地质参数的选取能力
	态度	（1）培养"干一行，爱一行"的敬业精神； （2）培养实事求是的学习精神
教学情景或教学设计		结合某库区钻孔柱状图及钻孔平面位置图，编制工程地质剖面图一张；结合"某重力坝坝基抗滑稳定分析计算图形"判断其抗滑稳定性；如不稳定，学生应将采取的措施整理成分析报告
考核方式		任课教师给总结报告打分

二、考核内容与方式

1. 编制Ⅱ—Ⅱ′坝线工程地质剖面图。根据龙泉务水库坝址区钻孔柱状图（见图 2-1-7）及钻孔平面位置图（见图 2-1-8），编制Ⅱ—Ⅱ′坝线工程地质剖面图。设永定河水位高程为 113 m，坝顶高程为 152 m，水库正常高水位 147 m（见图 2-1-9）。

钻孔编号：ZK1　　　孔口高程：　115 m　　　位置：江心洲中部

地层年代	地质代号	岩石符号	岩性名称	岩层厚度(m)	地下水位(m)	注水或抽水试验渗透系数(m/d)	压水试验单位吸水量(L/(min·m·m))	备注
第四系	Q_{IV}^{al}		亚砂土夹砾石	5		$K=5.91$		河水位高程 113 m，河床水深 3 m
			砂卵石	42	6	$K=76.76$		
侏罗系	J_{vx}		辉绿岩	7			$w=0.016\ 4$	

钻孔编号：ZK2　　　孔口高程：　114 m　　　位置：江心洲西部

地层年代	地质代号	岩石符号	岩性名称	岩层厚度(m)	地下水位(m)	注水或抽水试验渗透系数(m/d)	压水试验单位吸水量(L/(min·m·m))	备注
第四系	Q_{IV}^{al}		亚砂土夹砾石	6		$K=4.17$		河水位高程 113 m，河床水深 3 m
			砂卵石	39	7	$K=66.15$		
侏罗系	J_{vx}		辉绿岩	9			$w=0.019$	

钻孔编号：ZK3　　　孔口高程：　113 m　　　位置：江心洲东部

地层年代	地质代号	岩石符号	岩性名称	岩层厚度(m)	地下水位(m)	注水或抽水试验渗透系数(m/d)	压水试验单位吸水量(L/(min·m·m))	备注
第四系	Q_{IV}^{al}		亚砂土夹砾石	3		$K=3.88$		河水位高程 113 m，河床水深 3 m
			砂卵石	38	4	$K=54.67$		
侏罗系	J_{vx}		辉绿岩	8			$w=0.017$	

钻孔编号：ZK8　　　孔口高程：116 m　　　位置：河流左岸

地层年代	地质代号	岩石符号	岩性名称	岩层厚度(m)	地下水位(m)	注水或抽水试验渗透系数(m/d)	压水试验单位吸水量(L/(min·m·m))	备注
第四系	Q_{IV}^{al}		亚砂土夹砾石	5		$K=1.62$		河水位高程 113 m，河床水深 3 m
			砂卵石	10	6	$K=40.72$		
侏罗系	J_{vx}		辉绿岩	20			$w=0.009$	

钻孔编号：ZK18　　　孔口高程：116 m　　　位置：河流右岸

地层年代	地质代号	岩石符号	岩性名称	岩层厚度(m)	地下水位(m)	注水或抽水试验渗透系数(m/d)	压水试验单位吸水量(L/(min·m·m))	备注
第四系	Q_{IV}^{al}		亚砂土夹砾石	6		$K=2.47$		河水位高程 113 m，河床水深 3 m
			砂卵石	2	7	$K=63.66$		
侏罗系	J_{vx}		辉绿岩	20			$w=0.008$	

图 2-1-7　龙泉务水库坝址区钻孔柱状图(简化资料)

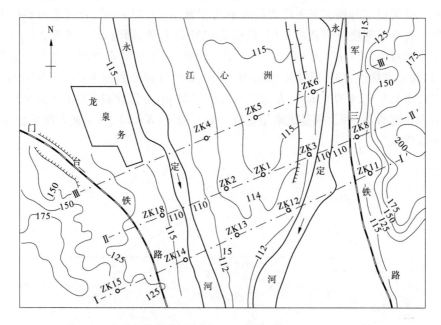

图 2-1-8　龙泉务水库坝址区钻孔平面位置图　（比例尺：1:10 000）

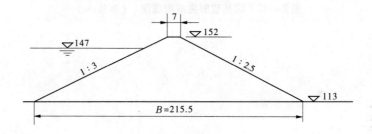

注：B 为坝底宽度。

图 2-1-9　大坝设计剖面图　（单位：m）

2. 坝基抗滑稳定分析。若下覆岩石的平均容重 $\gamma = 2.73$ t/m³，岩层走向平行于坝轴线。基岩中夹薄层泥质灰岩软弱夹层，软弱夹层倾向上游，倾角 20°（见图 2-1-10），其饱和抗剪强度参数为：$\Phi = 17°$，$C = 0.01$ MN/m²。此外，该坝址区垂直河流方向的节理裂隙相当发育，而且贯穿性良好，已构成横向切割面。有关计算参数如下：$G = 8\,400$ t/m（G 为坝体单宽自重），$U = 2\,000$ t/m（U 为扬压力），$L = 225$ m（L 为软弱夹层长），$\alpha = 17°$，试按图 2-1-10 及上述参数，判别坝基抗滑稳定性。如不稳定（$K < 1$），为保证大坝安全，应在哪些方面采取措施？

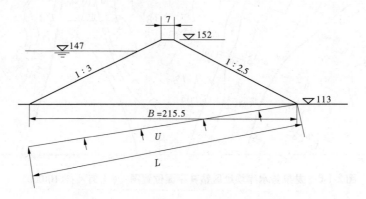

图 2-1-10　坝基软弱夹层剖面图　（单位：m）

项目六　地质勘察能力模块

一、考核标准

地质勘察能力考核标准如表2-1-7所示。

表2-1-7　地质勘察能力考核标准

项目六		地质勘察能力
考核内容		综述有效实用的勘察手段
考核要点 （知识、技能、态度）	知识	常见的勘察手段及主要作用
	技能	（1）对不同的地质问题及研究阶段，具备提出不同勘察手段的能力； （2）理解不同勘察手段的作用
	态度	（1）培养"干一行，爱一行"的敬业精神； （2）培养实事求是的学习精神
教学情景或教学设计		查阅现行的有关工程地质的有效的规程规范，并综述一下有效实用的勘察途径
考核方式		任课教师给总结报告打分

二、考核内容与方式

1. 查阅并列举现行的有关工程地质的有效的规程规范。

2. 试综合论述有效实用的勘察手段及主要目的、意义。

3. 在下列不同的地形地质条件下,采用何种勘探工程比较合适(作图示意并附简要文字说明)?

(1)勘察河床和断裂破碎带(河床不宽、水流湍急,水上勘探十分困难,见图 2-1-11);

(2)勘察大型滑坡滑动面(见图 2-1-12);

(3)勘察深风化囊(见图 2-1-13)。

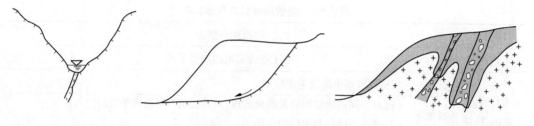

图 2-1-11　勘探方法选择 1　　　图 2-1-12　勘探方法选择 2　　　图 2-1-13　勘探方法选择 3

班级_____　姓名_____　学号_____　评阅教师_____　成绩_____

项目七 土的物理性质指标测定及土的工程分类

一、考核标准

土的物理性质指标测定及土的工程分类考核标准如表 2-1-8 所示。

表 2-1-8 土的物理性质指标测定及土的工程分类考核标准

项目七		土的物理性质指标测定及土的工程分类
考核内容		试验报告
考核要点 （知识、技能、态度）	知识	（1）理解土的三相组成； （2）掌握土的物理性质指标的计算； （3）掌握土的物理状态指标的计算及应用； （4）理解土的粒组划分及颗粒分析方法，掌握土的工程分类方法
	技能	（1）能够熟练进行土的物理性质指标测定与分析使用； （2）会根据土的物理状态指标判断土的物理状态； （3）会根据《土工试验规程》(SL 237—1999)进行土的分类与鉴别
	态度	（1）具有吃苦耐劳的精神； （2）具有团结协作的精神； （3）具有严谨工作的精神
教学情景或教学设计		采用多媒体教学、案例教学和理实一体化教学法，授课地点为教室与土工实训室
考核方式		任课教师给试验报告打分

二、考核内容

1. 若对某钻孔土样进行工程分类及定名，一般需做哪些土工试验？并将试验结果填写在土工试验实训报告的相应记录表中（土样编号记为：项目七土样 1、项目七土样 2 等）。

2. 结合土的级配曲线（见图 2-1-14），按照试验结果，对该土样进行分类和命名参照《土工试验规程》（SL 237—1999）。

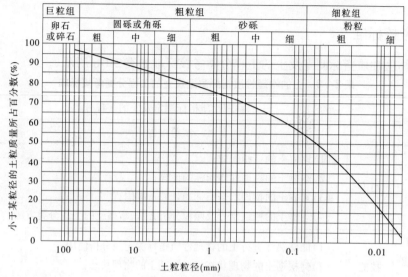

图 2-1-14　土的级配曲线

项目八　土的渗透系数的测定及渗透变形的防治

一、考核标准

土的渗透系数的测定及渗透变形的防治考核标准如表 2-1-9 所示。

表 2-1-9　土的渗透系数的测定及渗透变形的防治考核标准

项目八		土的渗透系数的测定及渗透变形的防治
考核内容		分析报告
考核要点 (知识、技能、 态度)	知识	(1)理解土的渗透性、渗透水力坡降、渗透系数、渗透力、渗透变形等基本概念和达西定律的内容; (2)掌握影响土渗透系数的因素; (3)理解土的渗透变形的基本形式,掌握渗透变形的判别方法; (4)掌握土工常用计算软件的使用方法
	技能	(1)能够熟练进行土的渗透系数的测定与分析使用; (2)会判断土的渗透变形基本形式,并提出防治措施; (3)会利用 AutoBank 软件判别土的渗透变形
	态度	(1)具有吃苦耐劳的精神; (2)具有团结协作的精神; (3)具有严谨工作的精神
教学情景或教学设计		采用多媒体教学、案例教学、情景教学和理实一体化教学法,授课地点为教室与土工实训室
考核方式		任课教师给分析报告打分

二、考核办法

如图 2-1-15 所示为某大坝剖面图,下覆地基土为钻孔已取土样,按照图示给定的水位及大坝剖面尺寸,试判断:

1.分析用临界水力坡降法判别坝下土体是否发生渗透破坏时,分别需做哪些土工试验?

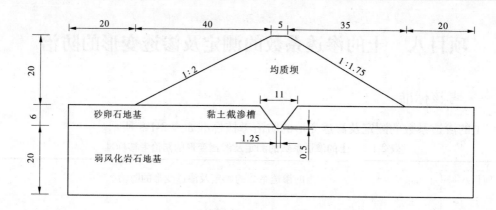

图 2-1-15　某大坝剖面图　（单位:m）

2. 该土石坝上游水位为 17 m,下游水位为 0.5 m,试根据填土及地基土的物理性质指标(见表 2-1-10),判别坝基是否会发生渗透变形(假定安全系数 $F=3$,土的级配曲线参阅项目七)? 如果发生,常用的防治措施是什么? 若通过在坝前铺设水平铺盖,至少要铺设多长才能防止渗透变形的发生?

表 2-1-10　填土及地基土的物理性质指标

土样	土粒比重 G	水容重 （kN/m³）	含水率 （%）	湿容重 （kN/m³）	渗透系数 （cm/s）
粉质黏土	2.7	10	29.14	18.93	8.06×10^{-6}
砂卵石地基	2.7	10	34.90	18.64	5.00×10^{-2}
杂填土(砾砂)	2.7	10	34.90	18.64	2.05×10^{-3}

3. 用 AutoBank 软件计算出的最大水力坡降为多少,判别结果如何?

班级_____　姓名_____　学号_____　评阅教师_____　成绩_____

项目九　地基沉降变形问题

一、考核标准

地基沉降变形问题考核标准如表 2-1-11 所示。

表 2-1-11　地基沉降变形问题考核标准

项目九	地基沉降变形问题	
考核内容	地基沉降验算报告	
考核要点（知识、技能、态度）	知识	(1)掌握土的自重应力的基本概念和计算方法； (2)掌握基底压力、基底附加压力的基本概念和计算方法； (3)掌握地基中的附加应力的基本概念和计算方法； (4)理解土压缩性的实质,掌握土的压缩性指标及测定方法； (5)掌握分层总和法计算地基最终沉降量的方法
	技能	(1)会计算不同情况下自重应力； (2)会计算基底压力、基底附加压力； (3)会计算地基中的附加应力； (4)能够熟练进行土的压缩系数测定和分析使用； (5)会进行地基最终沉降量的计算
	态度	(1)具有认真、静心做事的态度； (2)具有刻苦学习、工作的态度
教学情景或教学设计	采用多媒体教学、情景教学和理实一体化教学法,通过测试某种土体的压缩系数和物性指标,计算给定基础的沉降量。授课地点为教室与土工实训室	
考核方式	任课教师给报告打分	

二、考核内容

1. 已知某厂房柱下为单独方形基础,已知基础底面尺寸为 4 m × 4 m,埋深 $d = 1.0$ m,地基为均质土(土样已获取),如图 2-1-16 所示地下水位距天然地面 3.4 m。上部荷重

$F = 1$ 440 kN 传至基础顶面,若要计算沉降量,还需哪些资料,做哪些试验? 如何获取? 并将试验结果填在土工测试实训报告的相应记录表中。

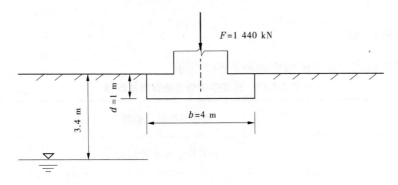

图 2-1-16 基础剖面图

2. 根据试验结果,按分层总和法计算基础最终沉降量。

3. 假设该建筑物为体型简单的高层建筑物,无相邻荷载,试查阅《建筑地基基础设计规范》(GB 50007—2011)中规定的允许沉降量的数值,判别该基础的沉降稳定性。

项目十　地基强度稳定验算

一、考核标准

地基强度稳定验算考核标准如表 2-1-12 所示。

表 2-1-12　地基强度稳定验算考核标准

项目十		地基强度稳定验算
考核内容		地基稳定性验算报告
考核要点（知识、技能、态度）	知识	(1)掌握土的抗剪强度的基本概念和库仑定律； (2)理解土的极限平衡条件应用； (3)掌握土的抗剪强度指标的测定方法,并熟悉工程上强度指标的选用原则； (4)掌握地基强度破坏的形式和特征； (5)掌握地基承载力的基本概念和确定方法
	技能	(1)能够熟练进行土的抗剪强度的指标测定与分析使用； (2)会确定地基承载力； (3)会进行地基强度验算
	态度	(1)具有认真、静心做事的态度； (2)具有刻苦学习、工作的态度
教学情景或教学设计		采用多媒体教学和理实一体化教学法,通过综合计算分析,确定建筑场地的地基承载力,并验算地基的稳定性
考核方式		任课教师给报告打分

二、考核方法

1.已知某工程地质资料:第一层为人工填土,天然容重 $\gamma_1 = 17.5$ kN/m³,厚度 $h_1 = 0.8$ m;第二层为耕植土,天然容重 $\gamma_2 = 16.8$ kN/m³,厚度 $h_2 = 1.0$m;第三层为黏性土,其土样为钻孔土样,土层厚度 $h_3 = 6.0$ m,基础宽度 $b = 3.2$ m,基础埋深 $d = 1.8$ m,以第三层为持力层,试分析若要计算其修正后的地基承载力特征值,还需获取哪些指标值? 如何获取? 将试验值填入后面土工测试实训报告的相应记录表中。

2.根据所得试验数据,试计算修正后的地基承载力特征值。若该基础顶面承受竖直中心外荷载为 2 000 kN,试判断地基土的稳定性。

班级_____　　姓名_____　　学号_____　　评阅教师_____　　成绩_____

第二章　土工测试实训报告

实训报告一　含水率检测

一、试验步骤疑难点分析

1. 烘干时设定的温度为多少？烘干时间如何确定？试验过程中大概取多少克湿土？

2. 放入烘箱前需要盖上盒盖吗？取出称量盒时,应如何做？

3. 用烘干法计算含水率时,其成果整理的计算公式是什么？

二、含水率试验记录表

试验编号：_____　　　检测室环境　温度：_____℃　　　湿度：_____%RH

试样编号	取样深度	盒号	湿土质量（g）	干土质量（g）	含水率（%）	平均含水率（%）

检测依据	□GB/T 50123—1999《土工试验方法标准》；□SL 237—1999《土工试验规程》
检测方法	烘干法
主要检测设备	电子天平(　　　)　　　烘箱(　　　)
备注	

检测：_____　　计算：_____　　校核：_____　　检测日期：_____年_____月_____日

实训报告二　密度检测(环刀法)

一、试验步骤疑难点分析

1. 制备土样时,土样尺寸与环刀相比,有何要求? 用环刀切土时,刀刃朝向有何要求?

2. 试验过程中,环刀的体积为多少? 是否为恒定值?

3. 用环刀法测量的是土样的什么密度? 其成果整理的计算公式如何表达? 干密度与湿密度之间如何换算?

二、密度试验记录表

试验编号：_____　　　　　检测室环境　温度：_____℃　　　　　湿度：_____%RH

试样编号	环刀质量（g）	环刀＋土质量（g）	湿土质量（g）	湿密度（g/cm³）	平均湿密度（g/cm³）	含水率（%）	平均干密度（g/cm³）

检测依据	□GB/T 50123—1999《土工试验方法标准》；□SL 237—1999《土工试验规程》
检测方法	环刀法
主要检测设备	电子天平（　　　）
备注	

检测：_____　　计算：_____　　校核：_____　　检测日期：____年____月____日

实训报告三　比重检测记录（比重瓶法）

一、试验步骤疑难点分析

1. 比重瓶的型号是什么？试验过程中大概取多少克的土？是取干土还是取天然土体？

2. 将比重瓶放在砂浴上煮沸的目的是什么？对不同的土体煮沸时间有何要求？

3. 土质不同，其比重值也不一样，试列出砂土、粉质黏土、黏土三种土体比重值的一般范围。

4. 用比重瓶法测试土体比重时，其成果整理的计算公式如何表达？

二、比重试验记录表

试验编号：_____

检测室环境　温度：_____℃　湿度：_____%RH

试样编号	比重瓶号	温度（℃）	液体比重（g）	比重瓶质量（g）	瓶+干土总质量（g）	干土质量（g）	瓶+液体总质量（g）	瓶+液体+土总质量（g）	与干土同体积的液体质量（g）	比重	平均值

检测依据	□GB/T 50123—1999《土工试验方法标准》；□SL 237—1999《土工试验规程》
主要检测设备	电子天平（　　）
备注	

检测：_____　计算：_____　校核：_____

检测日期：_____年_____月_____日

实训报告四　颗粒分析检测（密度计法）

一、试验步骤疑难点分析

1.颗粒分析常用的试验方法与原理有哪些？分别针对什么类型的土体？

2.试验室采用的是哪种型号的密度计？刻度范围为多少？分度值为多少？

3.用密度计法测定土体的颗粒分析时,其成果整理的计算公式如何表达？

4.甲种密度计的 a、b 值分别为多少?

5.在试验过程中,弯液面校正值、分散剂校正值、温度校正值分别如何确定?

二、颗粒分析试验记录表

试验编号：_____

表 1　颗粒分析检测记录（筛分法）

检测室环境　温度：_____℃　　湿度：_____% RH

试样编号	干土总质量(g)	各级粒径(mm)																		
		>60		60~40		40~20		20~10		10~5		5~2		2~0.5		0.5~0.25		0.25~0.075		<0.075	
		质量(g)	含量(%)	质量(g)	含量(%)	质量(g)	含量(%)	质量(g)	含量(%)	质量(g)	含量(%)	质量(g)	含量(%)	质量(g)	含量(%)	质量(g)	含量(%)	质量(g)	含量(%)	质量(g)	含量(%)

检测依据	□GB/T 50123—1999《土工试验方法标准》；□SL 237—1999《土工试验规程》
主要检测设备	标准土壤筛（　　　　）
备注	

检测：_____　　计算：_____　　校核：_____　　检测日期：_____年_____月_____日

表2　颗粒分析试验成果记录(密度计法)

工程名称：＿＿＿＿＿＿＿＿＿＿　　　　　　　　　　工程编号：＿＿＿＿＿

小于0.075 mm颗粒土质量百分数＝＿＿＿＿＿%　　干土总质量＝＿＿＿＿＿g

湿土质量＝＿＿＿＿＿g　　　　　　　　　　密度计号：＿＿＿＿＿

含水率＝＿＿＿＿＿%　　　　　　　　　　量筒号：＿＿＿＿＿

干土质量＝＿＿＿＿＿g　　　　　　　　　　烧瓶号：＿＿＿＿＿

含盐量＝＿＿＿＿＿%　　　　　　　　　　土粒比重＝＿＿＿＿＿

试样处理说明：＿＿＿＿＿＿＿＿＿＿＿　　比重校正值＝＿＿＿＿＿

风干土质量＝＿＿＿＿＿g　　　　　　　　　　弯液面校正值＝＿＿＿＿＿

试验时间	下沉时间 t (min)	悬液温度 T (℃)	密度计读数					土粒落距 L (cm)	粒径 d (mm)	小于某孔径的土质量百分数 (%)	小于某孔径的总土质量百分数 (%)
			密度计读数 R	温度校正值 m	分散剂校正值 C_D	$R_M = R + m + n - C_D$	$R_H = R_M C_s$				

实训报告五　界限含水率检测

一、试验步骤疑难点分析

1. 能否用原始土样直接做界限含水率试验? 试验前需要把土样进行调制吗? 如何调制?

2. 整个试验共调制几次不同的含水率? 此含水率有何特点? 与土样原始含水率有无关系?

3. 液塑限试验过程中共测定几个降深下的含水率,分别是哪几个降深?

4. 土样的液限和塑限是如何确定的?

二、界限含水率成果记录表

试验编号：_____   检测室环境　温度：_____℃   湿度：_____％RH

试样编号	盒号	圆锥下沉深度(mm)	湿土质量(g)	干土质量(g)	含水率(％)	液限(％)	塑限(％)	塑性指数

检测方法	液塑限联合测定法
检测依据	□GB/T 50123—1999《土工试验方法标准》；□SL 237—1999《土工试验规程》
主要检测设备	光电式液塑限联合测定仪（编号：　　　）、天平（编号：　　　）
备注	

检测：_____　　计算：_____　　校核：_____　　检测日期：____年____月____日

三、圆锥下沉深度与含水率关系曲线的绘制

四、根据本组所测土体的各项指标值,判别土体的物理状态,并对土进行分类定名

1. 判别土体物理状态:

2. 对土进行分类定名:

实训报告六　变水头渗透试验检测

试验编号：_____　　　试样面积(A)：_____ 30 cm^2　　试样高度(L)：4 cm　初始水头(h_0)：____cm

测压管断面面积(a)：1.131 cm^2　　　检测室环境　温度：_____℃　　　湿度：_____% RH

试样序号	试样编号	仪器编号	开始时间 t_1(h:m:s)	终了时间 t_2(h:m:s)	经过时间 t (s)	开始水头 h_1(cm)	终了水头 h_2(cm)	水温 (℃)	渗透系数 k_{20} (cm/s)
1	水平 □ 垂直 □								
2	水平 □ 垂直 □								

检测依据	□GB/T 50123—1999《土工试验方法标准》； □SL 237—1999《土工试验规程》
主要检测设备	TST-55 型渗透仪：1:2006-001　2:2006-002　3:2006-003 　　　　　　　　4:2006-004　5:2009-002　6:2009-003 　　　　　　　　7:2009-004　8:2009-005
计算公式	$K_T = 2.3 \times \dfrac{aL}{A(t_2-t_1)} \lg \dfrac{h_1}{h_2}$　　　$k_{20} = k_T \dfrac{\eta_T}{\eta_{20}}$

检测：_____　　　计算：_____　　　校核：_____　　　检测日期：____年____月____日

实训报告七　击实试验

一、试验步骤凝难点分析

1. 击实试验的目的是什么？

2. 轻型击实试验和重型击实试验的主要区别是什么？

3. 做轻型击实试验时，一组试样至少有几个土样，它们的含水率有什么要求？

4. 如何计算击实后土样的干密度？

5. 击实曲线如何绘制？

二、击实试验记录表

工　程　编　号：_____　　土粒比重：_____　　试　验　者：_____

土　样　编　号：_____　　每层击数：_____　　校　核　者：_____

土　样　类　别：_____　　试验仪器：_____　　计　算　者：_____

风干含水率：_____　　仪器编号：_____　　试验日期：_____

	试验序号	1	2	3	4	5
密度	筒加土质量(g)					
	筒质量(g)					
	湿土质量(g)					
	密度(g/cm³)					
	干密度(g/cm³)					
含水率	盒号										
	盒加湿土质量(g)										
	盒加干土质量(g)										
	盒质量(g)										
	湿土质量(g)										
	干土质量(g)										
	含水率(%)										
	平均含水率(%)						
土的最优含水率 w_{op}(%)							
土的最大干密度 ρ_{dmax} (g/cm³)							

实训报告八　快速固结试验

一、试验步骤疑难点分析

1. 本次试验采用的是哪种试验方法与原理？

2. 试验前为何要测得土样的密度、含水率和比重，其目的是什么？

3. 试样装入固结仪前，试样上下表面贴透水纸还是蜡纸？ 为什么？

4. 百分表归零前，为什么要预压 1 kPa 的预压力？

5.百分表的量程和分度值分别为多少?

6.本次试验采用的是快速固结还是标准固结?两者有何区别?

7.如何判别土的压缩性的高低?

二、固结试验记录表(快速法)

开始加荷时间(h:m:s)_____

读数时间 (h:m:s)	加荷持续 时间 (min)	压力 (kPa)	百分表 读数 (0.01 mm)	仪器 变形量 (mm)	校正前土样 变形量 $(h_i)t$(mm)	校正后土样 变形量 $\sum \Delta h_i$(mm)	压缩后 孔隙比 e_i
		50		0.03			
		100		0.05			
		200		0.08			
		400		0.11			
		400		0.11			

压缩系数 a_{1-2} = _____(MPa^{-1}), 压缩模量 $E_{S(1-2)}$ = _____ MPa,属_____压缩性土

量表小针读数:_____ mm w = _____ ρ = _____ g/cm^3 G_S = _____ $h_0 = 20$ mm

三、计算过程及结果

1. 校正系数（保留 2 位小数）。

2. 校正后土样变形量（保留 3 位小数）。

3. 孔隙比（保留 3 位小数）。

4. 压缩性指标（保留 2 位小数）。

5. 判别土的压缩性,并绘制 e—P 曲线(将 a_{1-2} 和 $E_{S(1-2)}$ 和土的压缩性填入固结试验记录表中)。

实训报告九　直接剪切试验

一、试验步骤疑难点分析

1. 常用的直接剪切方法有哪些？本次试验采用的是哪种方法？

2. 本次直接剪切试验过程中共需制备几个土样？

3. 土样放入直剪仪前,固定销要拔出吗？在直剪过程中,要拔掉固定销吗？

4. 试验前,需要检验上盒前端与测力计是否接触,试验过程中是如何检验的？

5. 试验过程中剪应力如何计算?

6. 试验过程中如何判别土体是否已经被剪坏?

7. 土样的抗剪强度指标通过什么方法确定?

二、剪切试验记录表

测力计编号			测力计率定系数 C			kPa/0.01 mm		
垂直压力	50 kPa			100 kPa			200 kPa			400 kPa
手轮转数 n(转)	测力计读数 R (0.01 mm)	剪切位移 Δl (0.01 mm)	剪应力 (kPa)	测力计读数 R (0.01 mm)	剪切位移 Δl (0.01 mm)	剪应力 (kPa)	测力计读数 R (0.01 mm)	剪切位移 Δl (0.01 mm)	剪应力 (kPa)	测力计读数 R (0.01 mm)	剪切位移 Δl (0.01 mm)	剪应力 (kPa)
抗剪强度 (kPa)												

根据剪切试验记录表中的数据,绘制下列曲线。

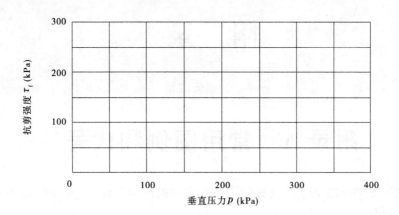

附　录

附录 A　常用图例和代号

这里仅根据教学和实习的需要选编了一些常用的图例和代号,其他有关内容可查阅相关的规范、标准。

一般各类地质图件所附图例框的大小有 2.0 cm×1.0 cm 和 1.5 cm×0.8 cm 两种,可视具体情况选用。

一、第四系堆积物成因类型代号

第四系堆积物成因类型代号如附表 A-1 所示。

附表 A-1　第四系堆积物成因类型代号

成因类型	代号	成因类型	代号	成因类型	代号
冲积物	Q^{al}	坡积物	Q^{dl}	泥石流堆积物	Q^{sef}
洪积物	Q^{pl}	残坡积物	Q^{edl}	地滑堆积物	Q^{del}
冲洪积物	Q^{pal}	崩积物	Q^{col}	风积物	Q^{eol}
残积物	Q^{el}	湖沼堆积物	Q^{fl}	人工堆积物	Q^{r}

二、岩石代号和花纹

(一)岩浆岩类

岩浆岩代号和花纹如附表 A-2 所示。

附表 A-2　岩浆岩代号、花纹

岩石名称	代　号	花　纹	岩石名称	代　号	花　纹
花岗岩	γ		流纹岩	λ	
正长岩	ε		安山岩	α	
闪长岩	δ		粗面岩	τ	
辉长岩	υ		辉绿岩	$\beta\mu$	
玄武岩	β		煌斑岩	χ	

（二）沉积岩类

沉积岩代号和花纹分别如附表 A-3、附表 A-4 所示。

附表 A-3　沉积岩代号

岩石名称	代号	岩石名称	代号	岩石名称	代号
砾岩	Cg	泥灰岩	Ml	砂砾石	Sgr
砂砾岩	Scg	石灰岩	Ls	粉砂	Sis
砂岩	Ss	白云岩	Dol	粉土	M
粉砂岩	St	卵石	Cb	黏土	C
黏土岩	Cr	砾	G	黄土	Y
页岩	Sh	砂	S	淤泥	Sil

附表 A-4　沉积岩花纹

岩石名称	花纹	岩石名称	花纹	岩石名称	花纹
砾岩		角砾岩		黏土岩	
砂岩		石英砂岩		鲕状灰岩	
页岩		石灰岩		硅质灰岩	
白云岩		泥灰岩		卵石	
煤层		漂石		砂土	
砾石		角砾		淤泥	
黏性土		黏土			
黄土		砂砾岩			

（三）变质岩类

变质岩的代号和花纹分别如附表 A-5、附表 A-6 所示。

附表 A-5　变质岩的代号

岩石名称	代号	岩石名称	代号	岩石名称	代号
片麻岩	Gn	角页岩	Hor	云英岩	Gs
片岩	Sch	角岩	Hs	大理岩	Mb
千枚岩	Ph	麻粒岩	Gg	混合岩	Mi
板岩	Sl	变质火山碎屑岩	Mv	混杂岩	Hr
石英岩	Qu	变粒岩	Gr		
矽卡岩	Sh	变质砂岩	Mss		

附表 A-6　变质岩的花纹

岩石名称	花纹	岩石名称	花纹	岩石名称	花纹
片麻岩		片岩		千枚岩	
板岩		大理岩		石英岩	
云母片岩		滑石片岩		糜棱岩	

三、地质构造符号

地质构造符号如附表 A-7 所示。

附表 A-7　地质构造符号

名称	符号	说明	名称	符号	说明
地层产状	30°	长线表示走向，短线表示倾向，数字表示倾角	逆断层	25°	在平面图上使用，虚线表示推测
倒转地层产状		箭头表示倒转后的倾向	逆断层		在剖面图上使用，虚线表示推测
片理、片麻理产状	35°	长线表示走向，尖角表示倾向，数字表示倾角	平移断层		在平面图上使用，虚线表示推测
背斜轴线		在大、中比例尺地质图上使用，虚线表示推测	断层破碎带		在平面图上使用
向斜轴线		在大、中比例尺地质图上使用，虚线表示推测	断层破碎带		在平面图上使用
倒转背斜轴线		箭头指向轴面倾向	节理、裂隙	45°	在平面图上使用，以短线表示倾向，数字表示倾角
倒转向斜轴线		箭头指向轴面倾向	地形角度不整合		点线位于新地层一侧
正断层	60°	在平面图上使用，虚线表示推测	地形平行不整合		虚线位于新地层一侧
正断层		在剖面图上使用，虚线表示推测	地层界线		虚线表示推测

四、地貌及物理地质现象符号

地貌及物理地质现象符号如附表 A-8 所示。

附表 A-8　地貌及物理地质现象符号

名　称	符　号	说　明	名　称	符　号	说　明
侵蚀阶地		绘于阶地前缘,齿数表示阶地级数	溶蚀洼地		一般溶洞、落水洞均可用
堆积阶地		绘于阶地前缘,齿数表示阶地级数	冲　沟		
冲积堆			滑　坡		
冲积扇			正在发展的滑坡体界线		
洪积扇			崩　塌		
古河道		如为埋藏或推测的两边界线,则用虚线表示	泥石流		

五、岩石风化程度分带界线符号

岩石风化程度分带界线符号如附表 A-9 所示。

附表 A-9　岩石风化程度分带界线符号(适用于剖面图)

岩石风化分带	符　号	岩石风化分带	符　号
微风化带(下限)		强风化带(下限)	
弱风化带(下限)		全风化带(下限)	

六、其他常用符号

其他常用符号如附表 A-10 所示。

附表 A-10　其他常用符号

名　称	符　号	说　明	名　称	符　号	说　明
观察点	⊖D11	D11—代号及编号	钻孔	ZK1$\frac{813}{221}$(10) ZK1$\frac{813}{221}$ ZK1 ZK1	1—已经完成的编号； 2—计划的编号； 编号$\frac{地面高程(m)}{孔深(m)}$
泉	编号$\frac{涌水量}{高程}$ 1 2	1—淡泉水； 2—矿化泉	探坑	1 TK4 TK4$\frac{}{221}$ 2 $\frac{}{4.0}$ 2.5	平面：1—无水； 2—有水 $\frac{编号}{深度(m)}$水位 坑号 高程
化石点		动物与植物化石	平硐	PD05$\frac{765.0}{54.3}$ PD05$\frac{765.0}{54.3}$	编号$\frac{高程(m)}{洞深(m)}$

附录 B　岩土渗透性分级

岩土渗透性分级如附表 B-1 所示。

附表 B-1　岩土渗透性分级

渗透性等级	标准		岩体特征	土类
	渗透系数（cm/s）	透水率(Lu)		
极微透水	$K<10^{-6}$	$q<0.1$	完整岩石,含等价开度小于 0.025 mm 裂隙的岩体	黏土
微透水	$10^{-6}\leqslant K<10^{-5}$	$0.1\leqslant q<1$	含等价开度 0.025~0.05 mm 裂隙的岩体	黏土—粉土
弱透水	$10^{-5}\leqslant K<10^{-4}$	$1\leqslant q<10$	含等价开度 0.01~0.05 mm 裂隙的岩体	粉土—细粒土质砂
中等透水	$10^{-4}\leqslant K<10^{-2}$	$10\leqslant q<100$	含等价开度 0.01~0.5 mm 裂隙的岩体	砂—砂砾
强透水	$10^{-2}\leqslant K<1$	$q\geqslant100$	含等价开度 0.5~2.5 mm 裂隙的岩体	砂砾—砾石、卵石
极强透水	$K\geqslant1$		含连通孔隙或等价开度大于 2.5 mm 裂隙的岩体	砾径均匀的巨砾

注:Lu 为透水率单位,是在 1 MPa 压力下,每米试验段压入的流量,以 L/mm 计。

参 考 文 献

[1] 戚筱俊. 工程地质及水文地质[M]. 北京:中国水利水电出版社,1997.

[2] 戚筱俊,张元欣. 工程地质及水文地质实习、作业指导书[M]. 2 版. 北京:中国水利水电出版社,
　　1997.

[3] 巫朝新,车爱华,叶火焱,等. 工程地质与土力学[M]. 北京:中国水利水电出版社,2005.

[4] 吴玲洪. 土力学[M]. 北京:中国水利水电出版社,2005.

[5] 中华人民共和国水利部. 土工试验规程:SL 237—1999[S]. 北京:中国水利水电出版社,1999:4.

[6] 中华人民共和国住房和城乡建设部,中华人民共和国国家质量监督检验检疫总局. 建筑地基基础设
　　计规范:GB 50007—2011[S]. 北京:中国建筑工业出版社,2012:8.

[7] 中华人民共和国住房和城乡建设部,中华人民共和国国家质量监督检验检疫总局. 水利水电工程地
　　质勘察规范:GB 50487—2008[S]. 北京:中国计划出版社,2009:8.

[8] 中华人民共和国建设部. 岩土工程勘察规范. GB 50021—2001(2009 年版)[S]. 北京:中国建筑工
　　业出版社,2002:3